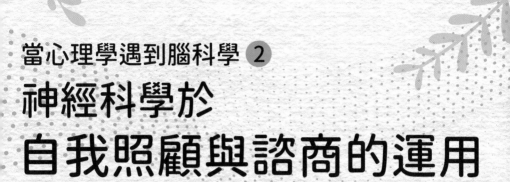

當心理學遇到腦科學 ②
神經科學於
自我照顧與諮商的運用

文／陳偉任
圖／李佳燕

作者序

　　人類歷史上有許多智者提出了關於自然和道的哲學觀點，其中包括老子的名言：「人法地，地法天，天法道，道法自然。」在這句話中，道被視為天地的根源，早在萬物誕生之前就已存在。而道法自然的含義是指道的本質是自然而然的，遵循著事物本來的狀態。在宇宙中，所有的事物都遵循著自然的規律運行，而我們的大腦也不例外。如果我們能夠理解大腦運作的自然規律，就能更有效地運用我們的大腦。

　　在神經心理學領域，我們了解到人類的情緒和行為都與大腦的資訊處理機制相關。當大腦的運作出現問題時，我們就可能出現身心方面的困擾。這些大腦運作問題的原因可以是天生的基因缺陷、童年時期的創傷經驗、過度疲勞或是衰老等。

　　從我上一本著作《當心理學遇到腦科學（一）：大腦如何感知這個世界》的內容中，我們可以得出一些對於運用神經心理學於日常生活的自我照顧和諮商輔導非常有價值的觀點：

1. 大腦無時無刻都在經歷著重新塑造。
2. 大腦會因為環境的影響而不斷產生神經連結和變化，就像肌肉一樣，經過鍛鍊就能更加強健。
3. 改變我們的想法，大腦也會跟著發生改變。

我們培養出健康的生活習慣時，就能提升大腦的強韌度，這對我們的心理健康至關重要。當我們的大腦處於良好的狀態時，它的運作就更順暢，出錯的機會也減少。換句話說，透過良好的健康習慣，我們可以遠離心理疾患的困擾。

　　一旦遇到身心問題時，神經心理諮商取向的助人工作者可以運用神經心理衛教來幫助個案理解問題和腦功能科學之間的關聯。這種方式可以減少個案對問題的自我羞恥感，並消除對於心理困境的汙名化。同時，神經心理衛教還可以增加個案的自我關懷，激發他們參與改變的動機。

　　此外，神經心理諮商取向的助人工作者能夠將腦科學相關的知識融入到心理學的應用中。舉例來說，當個案受到早期人際創傷或大腦神經迴路損傷的影響時，或者當他們因追求生存或歸屬感而採用不適當的調適方式時，神經心理諮商取向的助人工作者可以幫助他們獲得新的洞察力。這種洞察力有助於理解個案目前的思想、情緒和行為表現。

　　在進行神經心理諮商時，助人工作者的角色不僅是提供情緒支持和心理教育，更是啟發個案思考、挖掘潛力，並協助他們發展適應性的調適策略。通過與個案的合作，助人工作者能夠幫助他們建立更健康的神經迴路，培養自我照顧的能力，並改善他們的生活品質。

　　在自我照顧和諮商運用的領域中，神經心理學的應用就像是一種翻譯的過程。作為助人工作者，我們扮演著翻譯者的角色，將腦科學的研究成果轉化為適用於自我照顧或諮商運用的

知識。因此，我們需要持續地閱讀最新的腦神經科學研究，以便能根據研究結果來調整我們的方法和技巧。

神經心理學的應用為我們在日常生活中的自我照顧提供了許多有益的工具和策略。我們可以學習如何理解腦部運作和神經傳遞的基本原理，以及它們如何影響我們的情緒、行為和認知。透過這種理解，我們能夠更好地認識自己，並找到適合自己的自我照顧方法。

同樣地，將神經心理學應用於諮商輔導和心理治療中，可以提供更有效的幫助和支持。我們可以了解不同心理疾病或情緒困擾與大腦功能的關聯，並運用相應的介入策略。這包括利用腦神經科學的知識來解釋和幫助個案理解他們的內在體驗，並設計針對性的治療計劃，以促進他們的康復和個人成長。

這本書旨在將神經心理學的知識與日常生活的自我照顧和諮商相結合。通過深入瞭解腦科學研究的最新成果，我們可以應用這些知識來改善我們的心理健康和生活品質。無論是作為自我照顧的工具，還是作為諮商和心理治療的方法，神經心理學都將成為我們助人工作中不可或缺的一部分。

透過這本書，我們將深入探討神經心理學的基礎知識，並提供實用的技巧和策略，以幫助讀者運用神經心理學於日常生活中的自我照顧和諮商輔導。無論你是一位尋求個人成長和幸福的讀者，還是一位專業的諮商師或心理治療師，本書都將成為你運用神經心理學於自我照顧與諮商的寶貴指南。

讓我們一起探索當心理學遇到腦科學的精彩世界吧！

神經科學於自我照顧與諮商運用的基本概念

　　人類的大腦經歷了漫長的演化，但我們進入現代文明社會的時間卻極短。換句話說，我們的大腦仍然按照生存的原則運作，而尚未完全適應現代生活方式。這種腦科學的觀點讓我們能夠理解為什麼我們會產生許多本能的反應，這些反應是大自然演化留下的遺產。考慮到大腦的設計主要為了生存而非生活，我們需要深入了解神經心理學的知識，才能更有效地運用我們的大腦。

　　在日常生活的自我照顧和諮商輔導領域中，運用腦神經科學的應用是一種相對新穎且富有幫助性的方法。本書旨在讓讀者能夠快速理解腦神經科學如何促進心理健康，並提供以下基本概念：一個目標、兩個方向、三個原則、四個階段和五個好處。

一個目標

　　每個人都追求幸福快樂的生活，但幸福究竟是什麼呢？如果我們將幸福視為一個目標或終點，只要我們實現願望，就能獲得幸福。例如，擁有房子、車子或進入理想的學校等。然

而，即使現代社會中每個人相對於過去擁有更多物質財富和生活便利，為什麼越來越多的人卻感到憂鬱和焦慮呢？這表明擁有更多並不能保證幸福。

幸福不僅僅等同於目標或願望的實現，那麼它究竟是什麼呢？也許幸福是在我們追求目標的過程中，同時也能享受當下的一種體驗。從神經科學的角度來看，幸福更像是大腦在追求目標的同時，也能在適度的享樂中找到平衡。

幸福是一種大腦狀態，神經心理學家發現大腦的神經傳遞物質和神經迴路的建立與此密切相關。這些神經傳遞物質被稱為腦激素，它們能夠活化或抑制神經細胞的功能。正如海倫·費雪（Helen Fisher）教授所說，幸福深深根植於人類大腦的結構組成和化學機制之中。因此，透過瞭解幸福感的神經科學，我們可以更好地達到快樂的生活。

神經心理學的研究揭示了不同腦內激素與情緒和行為之間的關聯。我們熟悉的多巴胺和血清素就是其中兩個例子。多巴胺與獎賞和愉悅相關，而血清素則與情緒穩定和自信相關。這些腦內激素透過調控和影響特定的生化反應，對大腦的功能起著關鍵作用。當腦內激素失衡時，可能會引發心理問題，甚至嚴重的精神疾病。

在自我照顧和諮商輔導的領域中，神經心理學的目標是在我們追求幸福的旅程中，了解各種腦內激素的特性，並試圖在我們的大腦中達到幸福快樂相關腦內激素的最佳平衡。這樣一來，幸福快樂將自然而然地出現在我們的生活中。

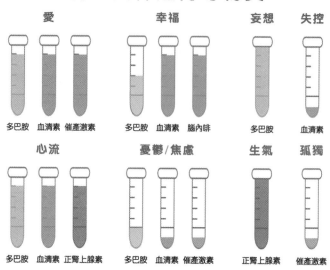

情緒與神經傳導物質

愛：多巴胺　血清素　催產激素
幸福：多巴胺　血清素　腦內啡
妄想：多巴胺
失控：血清素

心流：多巴胺　血清素　正腎上腺素
憂鬱/焦慮：多巴胺　血清素　催產激素
生氣：正腎上腺素
孤獨：催產激素

　　在探討幸福快樂的情境時，我們常常提及古人所謂的「人生四大樂事」：久旱逢甘霖、他鄉遇故知、洞房花燭夜、金榜題名。這四種情境為何能帶來幸福快樂呢？對於這個問題，動機理論專家洛瑞塔‧格蘭澤‧布魯寧博士（Loretta Graziano Breuning）提供了一個可能的答案。她指出，人的幸福快樂來自於四種重要的大腦激素：多巴胺（dopamine）、催產激素（oxytocin）、血清素（serotonin）和腦內啡（endorphin）。這些大腦激素與人生四大樂事之間可能存在著相當的關聯。

情境一：久旱逢甘霖

　　當身體長時間缺乏水分時，就像是久旱逢甘霖。這種情況對身體來說極具壓力和痛苦。然而，我們的大腦會以一種特殊的方式回應這種壓力，釋放出一種稱為腦內啡的生物化學物質，它類似於嗎啡的效果。腦內啡的釋放機制是身體對抗疼痛的反應，即使痛苦無法帶來快樂，但腦內啡卻能。它能帶來一種愉悅感，緩解痛苦，讓我們能夠持續下去，等待救援的到來。

　　當久旱結束，我們開始補充水分時，大腦會因為腦內啡的作用而感受到獨特的愉悅感。即使只是喝一口普通的白開水，我們也能感受到它是一種美味的享受。甚至在沒有直接飲用水的情況下，我們也可能感到「望梅止渴」，這歸功於腦內啡的效果。

　　此外，如果你經常運動，你一定對「跑步者的愉悅感（runner's high）」不陌生。在運動過程中，我們可能會感到不舒服，例如肌肉痠痛或麻木感。然而，腦內啡的作用會激發大腦中想要挑戰極限的渴望，即使在疲憊的情況下，我們也無法抵抗再次運動的衝動。登山愛好者就是一個很好的例子。除了運動所產生的痛苦能增加腦內啡的釋放外，研究人員還發現，透過「笑」的動作也能刺激腦內啡的釋放，減輕我們對疼痛的感受程度。

　　這些情境展示了腦內啡在我們日常生活中的重要作用。了

解腦內啡的效果和觸發機制，有助於我們運用神經心理學的知識來照顧自己和提供諮商輔導。

情境二：他鄉遇故知

重逢故友的情境讓人感到彷彿在茫茫人海中找到了一個屬於自己的連結。當我們感受到被信任並建立起親密關係時，大腦會釋放更多的催產素，這種神經化學物質也被稱為「愛的荷爾蒙（love hormone）」或「擁抱的荷爾蒙（cuddle hormone）」。

神經科學的研究發現，當男女達到高潮時，或是母親在哺乳時，大腦會分泌更多的催產素。令人驚訝的是，即使只是簡單的寒暄也能刺激大腦釋放催產素。這種情感交流不僅能減少心血管疾病的風險，還可以增強免疫力，對我們的健康帶來正面的影響。

換句話說，建立支持和信任的人際關係讓人們感到幸福和快樂，而其中的奧祕就與大腦釋放催產素密切相關。每一次讓人感受到信任並增強歸屬感的人際互動和行為，都可以刺激催產素的產生。

這種「他鄉遇故知」的情境不僅帶來了情感上的滿足，還對我們的身心健康有益。因此，當我們在陌生的環境中遇到熟悉的面孔時，不妨主動展開交流，建立起新的連結。這些短暫的人際互動可能會帶給我們更多的愉悅和正面情緒，同時也促

進了我們的整體健康。

情境三：洞房花燭夜

在洞房花燭夜這個浪漫的時刻，新郎心懷期望和目標，渴望與他心儀的新娘相聚。他的堅持和努力最終實現了他的願望，讓他在洞房花燭夜當晚感到無比幸福。這一刻，他的大腦大量釋放出多巴胺，帶來極度的幸福感。

多巴胺是一種神經傳遞物質，能夠引發慾望。當一個人對完成某件事情或採取某種行動充滿強烈的渴望時，大腦會釋放大量的多巴胺。這種多巴胺的釋放會推動一個人不斷追求自己的目標，並帶來愉悅和滿足感。無論是否有洞房花燭夜，曾經戀愛的人都深刻體會到渴望和追求的感覺，這就是多巴胺在大腦中的作用。

因此，當一個人努力追求自己的人生目標，讓自己變得更好時，大腦會釋放更多的多巴胺作為回饋。相反，如果一個人的生活缺乏目標，每天過得毫無熱情和意義，那麼多巴胺的釋放程度就會相對減少。

我們追求當下快樂的同時，往往容易忽視長遠的目標。這種過度偏重當下的追求可能使我們對多巴胺的反應產生耐受性，也就是說我們需要更多的刺激才能感受到同樣的愉悅。這種現象有時會導致成癮相關問題的產生。相反地，如果我們將所有的關注都集中在追求未來可能的快樂，而不顧及當下的愉

悅，雖然多巴胺可能會因未來目標的明確設定而增加。然而，長期來看，我們的大腦可能因長時間缺乏即時的回報而對通往未來目標的過程感到沮喪，進而失去持之以恆的動力。因此，如何在追求長期目標的同時，也兼顧享受短期目標帶來的快樂體驗，實際上是一門藝術。

總而言之，理解多巴胺在我們生活中的作用，可以幫助我們更好地追求目標、照顧自己，並在諮商和心理治療中提供有效的幫助。

情境四：金榜題名時

當我們在金榜題名的時候，往往會感到自己具有能力，而且在社會中扮演著重要的角色。這樣的成就感對我們的心理狀態有著重要的影響。在神經心理學領域中，我們發現這種成就感可以促使大腦釋放更多的血清素，這是一種重要的神經傳遞物質。

獲得金榜題名時，這種成就感所帶來的積極影響不僅體現在自信和能力的提升上，它還對我們的身心健康產生積極的影響。增加血清素有助於調節情緒和壓力反應，使我們更具抗逆能力和適應力。這樣的心理狀態有助於我們在日常生活中更好地應對挑戰和壓力，提升自我照顧和心理健康的能力。

在探究腦神經科學知識後，我們可以將快樂與大腦內的激素之間建立一種簡單的聯繫。想像一下，腦內啡就像久旱逢

甘雨，帶來滿足感；催產激素則像他鄉遇故知，燃起親密感；多巴胺則像洞房花燭夜，帶來興奮感；而血清素則像金榜題名，提升掌控感。這種連結的了解，有助於我們在日常生活中更好地照顧自己和進行諮商輔導。自我照顧是指我們主動採取一些行動，以促進身心健康和幸福感。透過運用神經心理學的知識，我們能夠掌握一些方法，讓自己更快樂、更滿足。（備註：這種簡化的解釋僅為初步了解腦功能，實際上，腦內神經傳遞物質之間的關係比我們目前所知的更加複雜。）

在探討與幸福相關的腦化學物質時，我們不能忽略另一種同樣重要的物質——正腎上腺素。正腎上腺素是一種賦予我們生命力的物質，讓我們能夠真實地感受到生活的存在。此外，它也是進入心流狀態所必需的腦化學物質之一。

正腎上腺素的存在對於我們的身心健康至關重要。它能夠提升我們的注意力和專注力，使我們能夠全神貫注於眼前的事物。這種集中注意力的狀態被稱為心流，它是一種完全投入、沉浸於活動中的狀態。當我們處於心流狀態時，時間似乎停滯，我們完全投入其中，享受活動本身帶來的滿足感。

當我們感到快樂和幸福時，大腦釋放出幸福腦激素。然而，這些腦激素的釋放並不會持續很長時間。每種腦化學物質都有自己的功能和任務，當完成了這些任務後，它們就停止釋放和分泌。有些人為了追求快速再次獲得幸福感，會使用外在物質（如安非他命、K他命、大麻、鴉片和嗎啡）刺激他們的大腦，以重現這種感覺。然而，這些成癮性物質會造成傷害，不僅對身體有害，還會影響人際關係。

或許，你並不需要依賴這些短暫的刺激來追求幸福和快樂。神經心理學可以幫助我們理解腦激素的作用和影響，並提供方法來提升心理健康和幸福感，不論是針對自己還是在諮商和心理治療中。一旦你瞭解哪些生活事件可以觸發大腦釋放幸福快樂的腦激素，你就能明智地選擇新的行為模式，讓大腦持續分泌這些幸福快樂的腦激素。你並不一定需要經歷重大突破、與摯友相聚、浪漫經歷或取得成就，也不需要依賴於飲酒或使用藥物，了解腦激素相關的作用機制，你就有機會讓自己的生活變得更幸福和快樂！

在生活中，擁有明確的目標可以激勵我們，因為目標的設定會增加多巴胺的分泌。當我們設定的目標超出我們目前的能

力時，這會使我們保持高度警覺，同時刺激腎上腺素的釋放。在追求目標的過程中，我們需要具備忍耐痛苦的能力，這有助於內啡肽的釋放。此外，與他人建立聯繫並獲得他們的支持對我們也很重要，因爲這會增加催產激素的分泌，同時減少杏仁核的活動。

在設定目標時，我們需要挑戰自己，但也不要設定過高的目標，否則無法實現可能會讓我們感到無力並降低血清素的分泌。然而，如果我們能夠設定對他人有益的目標，這將是最好的體驗，因爲這會促進催產激素的分泌。在實現目標的過程中，將其分解成小步驟是非常重要的，這有助於血清素和多巴胺的釋放。同時，保持身體健康也至關重要，例如良好的飲食（提供多巴胺和血清素的合成原料）、適度的運動（促進內啡肽和血清素的分泌，同時調節過度分泌的壓力激素），以及獲得適當的人際支持（促進催產激素的釋放，降低杏仁核的活動）。當我們的大腦經常沉浸在這些幸福腦化學物質中時，幸福感將不斷湧現。

總結來說，要讓大腦感受到快樂、幸福和心流的狀態，我們需要擁有一個具體、具有挑戰性且有意義的目標。這個目標應該需要我們努力實現，但同時也應該符合我們的能力範圍。另外，這個目標應該關注他人的利益和幫助，以實現個人和社會的共同繁榮。這樣的目標將成爲我們自我照顧、諮商輔導和心理治療中的重要元素，幫助我們建立更健康、更有意義的生活。

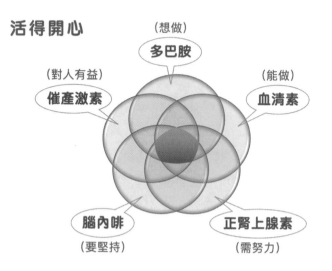

兩個方向

　　自我照顧和諮商領域中，神經心理學提供了兩種主要的應用方法：由上到下和由下到上。由上到下的方法則是透過增強理智大腦的功能來調節過度情緒活化。而由下到上的方法著重於紓解過度情緒活化，特別是通過冷靜杏仁核，讓理智大腦重新獲得控制權，擺脫情緒大腦的影響。這些方法幫助我們運用神經科學的知識，實踐於日常生活的自我照顧、諮商輔導以及心理治療中。

　　由上到下的方法注重於理性地處理問題，而由下到上的方法則強調滿足人類的基本需求，例如信任和安全感。後者聚焦於過去的經驗，解決那些一直困擾著我們的情緒問題。一般來

說，助人工作者會優先選擇由下到上的方法，直到個案的情緒得到一定程度的釋放，然後再進行由上到下的方法。然而，如果個案的情緒相對穩定，對周圍環境也感到信任和安全，助人工作者可以直接使用由上到下的方法。

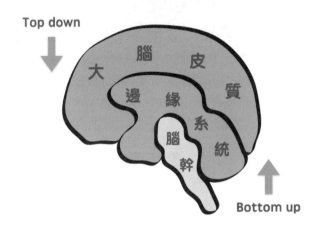

助人工作者選擇由上到下，還是由下到上的方法，取決於個案的狀態和需求。如果個案正在經歷情緒困擾、創傷後壓力或焦慮等問題，助人工作者會傾向於使用由下到上的方法。這包括建立安全的治療環境、建立個案與助人工作者之間的信任關係，並採取適當的技巧幫助個案處理過去的創傷或困擾。這種方法的目標是促進情緒的釋放和情緒痛苦的緩解，讓個案能夠重新建立穩定和平衡。

一旦個案的情緒狀態穩定下來，並且對治療環境和助人工作者感到信任和安全，助人工作者就可以轉向使用由上到下

的方法。神經心理教育與諮商的運用涉及到更深入的探索，以促進個案的自我認知、自我覺察和自我反省。這包括幫助個案理解自己的思維模式、信念和價值觀，並提供相應的技巧和策略，以達到更深層的治療效果。

總之，運用神經心理學於自我照顧和諮商輔導中，我們可以選擇不同的方法來滿足個案的需求。由上到下的方法則著重於自我認知和思維模式的轉變，而由下到上的方法關注情緒的釋放和安全感的建立。這些方法的結合可以幫助個案實現持久的心理健康和個人成長。

三個原則

在日常生活的自我照顧和諮商輔導中，神經心理學是一門應用領域，可以大幅提升我們的效果。它透過啟動我們原始大腦的機制，以全新的方式幫助我們調整注意力和情緒。或許過去我們總是認為人類的決策取決於理性思考，但科學研究顯示，原始大腦在其中扮演著關鍵的角色。如果我們的資訊無法觸動原始大腦，那麼就無法達到任何影響力。

為了提高神經心理學在自我照顧和諮商實踐過程的效果，我們需要考慮到視覺化、簡單化和步驟化的原則。這些原則基於腦科學的研究，因為視覺化可以激發大腦的視覺系統，簡單化可以減輕大腦的負擔，而步驟化則有助於大腦理解和記憶資訊。因此，在神經心理學於自我照顧和諮商實踐中，我們需要

確保資訊清晰簡明，並加入適當的視覺元素，同時以適合的步驟呈現資訊，以提高吸引力和易懂性。接下來，讓我們一一介紹和說明這些相關內容：

視覺化

在運用神經心理學於自我照顧與諮商的過程中，我強烈建議使用視覺化的資訊，因為大腦對於視覺刺激更加敏感。透過圖片、影片、隱喻等視覺元素，我們能夠吸引個案的注意力，提升說服效果，同時讓個案更容易理解和記憶所傳達的內容。因此，在神經心理諮商的過程中，積極運用視覺化元素可以增強溝通效果。

除了溝通效果的提升，視覺化在自我照顧和諮商實踐中還具有其他好處。舉個例子，有時候我們內心會湧現一些邪惡的念頭（比如窺視別人的隱私），這時候有些人可能會覺得自己是壞人，貶低自己的價值。然而，透過將相關的腦神經科學概念視覺化，例如把那些湧現的邪惡念頭解釋為神經細胞突然連結的神經火花，我們可以用具體的比喻幫助個案理解這些念頭只是大腦神經細胞運作的意外現象，並非個人的本質。

透過視覺化的解釋，個案能夠釋放因價值判斷而帶來的負面情緒。因此，在運用神經心理學於諮商過程中，使用視覺化元素有助於個案更好地理解內在體驗，同時也可以減少價值判斷所帶來的負面情緒影響。

接下來，我將詳細介紹這些視覺化元素的應用，幫助讀者更好地理解和應用神經心理學於日常生活的自我照顧和諮商輔導。通過結合理論和實踐，我希望讓讀者能夠輕鬆上手，在實際應用中受益良多。

　　首先，視覺化的運用就需要提到1970年代神經科學家保羅‧麥克（Paul MacLean）。他所提出的三腦學說，是一個具有重要臨床應用價值的經典觀點。根據這個理論，我們可以將大腦細分為三個部分：爬蟲類腦（腦幹）、古哺乳動物腦（邊緣系統）和新哺乳動物腦（新皮質）。

　　大腦的發育過程是由下往上進行的。在胎兒時期，最原始的爬蟲類腦在腦幹中形成並在出生時啟動，它負責基本的生命維持功能，例如吃、睡、哭和呼吸。這一部分的功能讓我們能夠維持內部的平衡。在爬蟲類腦的上方，是古哺乳動物腦，也就是大腦的邊緣系統，通常被稱為情緒腦。邊緣系統負責監控和回應情緒相關的信息。在孩童早期的生活經驗中，邊緣系統所經歷的相關經驗將成為我們未來情緒和知覺的重要參考架構。這部分的功能與情緒的調節和情感的表達密切相關。最後，人類的腦位於大腦的新皮質，它是大腦中最新進化的區域，負責高級思維能力，如理解抽象概念、計劃和思考。這部分的功能讓我們能夠進行複雜的認知過程和做出明智的決策。

　　這種三腦的觀點告訴我們，大腦不僅僅是一個整體，而是由不同層次的區域組成，每個區域都有不同的功能和貢獻。在日常生活中，理解這些腦區之間的關係和作用是非常重要的。

它可以幫助我們更好地理解自己的情緒反應、思維模式和行為，從而提供更有效的自我管理和促進心理健康的策略。

此外，情緒腦在人體功能中扮演著關鍵角色。情緒腦負責著我們的本能行為和情緒反應，有時被稱為下層腦、哺乳類腦或舊腦。另一方面，理智腦則掌控著更高級的思考功能，包括決策和問題解決能力，因此也被稱為上層腦、人類腦或新腦。神經心理學的研究發現，這兩個腦部之間的聯繫非常重要，因為它們共同影響著我們的思考方式和行為反應。透過視覺化方法來理解大腦運作的過程，我們更容易理解大腦的運作方式，並能更有效地將這些知識應用於日常生活中的自我照顧和諮商輔導。

著名心理學家強納森‧海德（Jonathan Haidt）以「象與騎象人」的比喻，生動形象地描述了人腦的大腦皮質和邊緣系統，這個比喻不僅直觀易懂，還能吸引人。在這個比喻中，我們可以將大腦皮質比作騎象人，而邊緣系統則是象的化身。這隻大象代表著我們的情緒潛意識，是一股強大的力量，但它卻常常引導我們做出不明智的行為。而騎象人則象徵著我們的理性思維和意識，就像是騎在大象背上的人，手中握著韁繩，可以指揮大象轉彎、停下或前進。這個比喻使得人們更容易理解理性思考和直覺之間的差異。

事實上，在大多數情況下，邊緣系統（即直覺）主導著我們的行為，而大腦皮質（即理性思考）需要透過特定的訓練才能夠控制行為。在日常生活中，當我們面臨變化時，理性和情

感之間就像是騎象人和大象之間的拉扯。神經心理學的應用在自我照顧和諮商領域中，可以幫助我們更好地理解和管理自己的情感和行為，從而更好地應對各種挑戰。

騎象人
理性思考

大象
內心感受
本能反應
直覺
情緒

　　還有，神經心理學家丹尼爾・席格（Daniel J. Siegel）提出了「掌中腦」的概念，以更深入的方式解釋了理智腦和情緒腦的運作，也是運用視覺化的好典範。他利用手的結構來形象地描述大腦的結構。在臨床實踐中，他會要求個案伸出手，並以特定的手勢示範大腦的不同區域，這個手勢可以幫助我們更深入地理解大腦的運作原理。

　　他的手勢示範非常簡單：伸出手，然後將大拇指放在手掌中央，再彎起其他四根手指頭並蓋住大拇指，形成一個拳頭的形狀。這個手勢中，手腕到掌心代表著腦幹，而彎曲的大拇

指則代表邊緣系統，也就是我們的情緒腦。而握住大拇指的食指、中指、無名指和小指形成一個拳頭狀，則代表大腦皮質，也就是我們的理智腦。

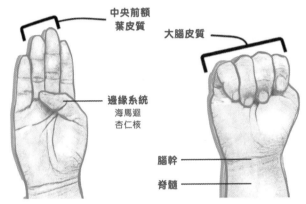

掌中腦

在正常情況下，大腦就像是一個拳頭，理智腦這個拳頭蓋住情緒腦，我們可以以理性和邏輯的方式思考、判斷和回應。然而，當情緒湧上來時，就像是有人用力掀開了拳頭，理智腦的蓋子被打開，這意味著動物性的邊緣系統開始介入。在這種情況下，我們容易陷入情緒化的狀態。

重要的是，我們不需要為打開大腦的蓋子感到羞愧，因為每個人都有情緒反應。關鍵在於能夠意識到自己是處於理智腦合起來的拳頭狀態，還是處於理智腦的蓋子打開的狀態。這個概念可以透過使用「掌中腦」的視覺工具來幫助個案更容易理解理智腦和情緒腦發生了什麼變化。

這種簡單而生動的形象化比喻可以讓人們更加親近和理解大腦的運作。透過理解掌中腦的概念，我們可以學會更好地管理情緒、保持理智思考和適應壓力，這對於日常生活中的自我照顧和諮商輔導非常有用。這種將神經心理學應用於實踐中的方法，能夠幫助我們更好地了解自己的內在世界，並提升心理健康和幸福感。

　　另外，丹尼爾‧席格也提出了「健康思維拼盤（Healthy Mind Platter）」的概念，他鼓勵個案檢視拼盤中各項活動的時間安排，以協助他們從健康飲食的角度來理解如何增進大腦健康和提高神經可塑性。這個概念將不同的心理活動比喻為一道道美味的菜餚，個案可以根據自己的需求和喜好，在日常生活中合理安排這些活動的時間。以下是席格提出的健康思維拼盤菜單的內容：

1. 睡眠：充足的睡眠是大腦正常運作的重要基礎。確保每晚有足夠的睡眠時間，以支持大腦的修復和恢復功能。
2. 運動：定期運動對大腦和身體都有益處。運動可以促進血液循環，提高大腦的氧氣供應，並刺激神經可塑性。
3. 專注：給大腦提供集中注意力的機會，例如閱讀、解題、學習新技能等。這些活動有助於大腦的學習和成長。
4. 社交互動：人際關係和社交互動對心理健康至關重要。與親朋好友交流、參加團體活動、建立良好的人際關係等，都能促進大腦的情感和社交發展。

當心理學遇到腦科學（二）
神經科學於自我照顧與諮商的運用　　　/ 28

5. 娛樂：給自己留出時間享受遊戲和創造性的活動，例如
   閱讀、寫作、繪畫或娛樂活動，有助於激發大腦的創造
   力和想像力。
6. 休閒時間：放鬆身心，享受自我照顧和放鬆的活動，例
   如沐浴、按摩、欣賞音樂或觀賞電影，有助於減輕壓
   力、提升情緒健康。
7. 內在時刻：培養靜心和自我反思的習慣，例如冥想、寫
   日記或深呼吸練習，有助於連結自己的內在世界，提升
   自我意識和情緒調節能力。

　　這些健康思維拼盤的活動可以相互配合，形成一個綜合性
的自我照顧和諮商輔導方案。個案可以根據自己的需求和時間
安排，選擇並組合這些活動，以促進大腦健康、提高心理可塑
性，並維護整體的心理健康和幸福感。

健康思維拼盤

最後，我們來介紹一位重要的神經心理學家佐利諾（Cozolino），他以一個有趣的比喻來解釋人類的記憶，稱之為「冰山」。這個比喻可以幫助我們更容易地理解內隱記憶與外顯記憶之間的關係。

根據佐利諾的比喻，冰山的頂部代表著顯性記憶，也就是我們意識中能夠直接回憶起的記憶內容。然而，冰山水下的部分則象徵著隱性記憶，這些記憶存在於我們的潛意識深處，並不容易被意識層面所察覺。

這個比喻的關鍵在於強調隱性記憶在我們的記憶系統中占據了極大的比例，並且對我們的行為和情緒有著深遠的影響。這些隱性記憶可能是我們過去的經歷、情感和信念，它們潛藏在我們內心深處，塑造了我們的自我認知和行為模式。這對於自我照顧和諮商輔導來說非常重要。

透過神經心理學的知識，我們可以更深入地探索和理解隱性記憶的存在和影響，並尋找適合的方式來處理和轉化這些記憶，以促進個人的心理健康和成長。視覺化是一種強大的工具，可以幫助我們將抽象的神經心理學概念轉化為具體、可視的形式，使其更易於理解和應用。佐利諾的「冰山」比喻就是一個很好的例子，它讓我們能夠以圖像化的方式看待記憶系統，從而更好地了解和處理我們的內在世界。

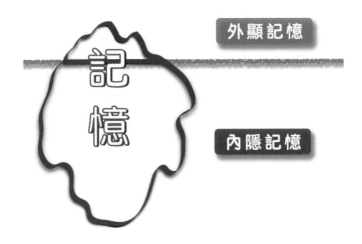

關於神經科學運用於自我照顧和諮商的臨床實踐，我不僅運用了三腦學說、上層腦和下層腦的概念，還使用了象與騎象人、掌中腦和記憶冰山的隱喻等概念。除此之外，我還會運用影片和大腦立體解剖模型來幫助個案更容易理解及運用這些知識。

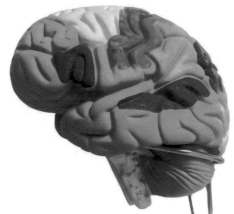

透過影片展示不同情境下大腦的功能和反應，有助於個案更好地理解神經科學的概念，並將其應用到日常生活的自我照顧和諮商中。這些影片可以呈現腦部結構的影像，解釋不同區域的功能和連結，同時示範一些與情緒、行為和學習相關的腦科學概念。大腦立體解剖模型也是一個有用的工具，它可以直觀地展示大腦的結構和功能。個案可以觸摸和觀察這些模型，加深對大腦結構和功能的理解。

　　總的來說，這些視覺化的元素在自我照顧和諮商實踐中起到了重要的作用。它們能夠增強學習者對神經科學概念的理解和記憶，並幫助他們將這些概念應用到實際情境中。通過視覺化的呈現，我們能夠使複雜的神經科學知識更具體、更易於理解，同時也提供了一種引人入勝的學習體驗。當個案瞭解了自己的情緒和行為時，就能夠開始改變和調整自己的反應方式。

簡單化

　　人類心理的運作總是相當複雜，然而，不論我們所採取的心理學派為何，我們都期望能夠以簡單易懂的框架將這複雜性化繁為簡。舉例來說，現實治療學派的專家使用WDEP方法來協助個案，其中的WDEP代表需求（Want）、行動（Doing）、評估（Evaluation）以及計劃（Plan）。同樣地，完形治療學派則認為人類本能地調節自己以滿足各種需求，並運用感覺、覺察、選擇、移動、接觸、滿足、消退等循

環歷程來協助個案提升自我覺察。

　　從神經科學的角度來看，大腦的認知資源是有限的，因此我們需要以簡單易懂的方式傳遞信息。這就意味著在諮商和教育領域中，我們需要將訊息簡化並精煉，以減輕大腦處理信息的負擔。神經心理諮商作為一個獨立的學派，也需要擁有自己的理論框架，這將有助於更好地理解人們的情緒和行為表現，並促進更有效的溝通和互動。

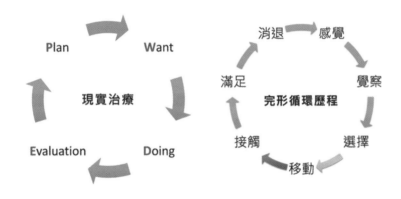

　　在本書中的「腦科學於諮商輔導的臨床運用／神經心理諮商理論架構」章節中，我將深入介紹三種重要的神經心理諮商理論模式。包括有著名學者克勞斯・格勞提出的「一致性理論模式（Consistency-theoretical model）」、羅索烏提出的「整合神經心理治療理論基礎要素模式（Integrated model of the base elements of the theory of neuropsychotherapy）」以及我自己所提出的「整合神經心

理諮商理論模式（Integrated neurocounseling theoretical model）」。

通過這些理論模式的說明與介紹，你將深入瞭解神經心理學在諮商和教育領域的應用，並學會如何運用神經科學的知識提升你作爲一名諮商師或教育工作者的專業技能。這些理論模式不僅提供了理論框架，還提供了實際操作的指導，使你能夠更有效地融入神經心理學的概念和技巧，以提供更有針對性和個別化的諮商和教育服務。

步驟化

在我們運用神經心理學知識於自我照顧和諮商領域時，我們需要考慮大腦如何處理和儲存資訊。其中一個有效的策略是步驟化，透過將複雜的概念或過程分解爲多個步驟，讓學習者更容易理解和記憶解決問題的步驟，並能夠在未來的學習和應用中運用這些策略。

身爲一名醫生，我在醫學訓練中常常需要將問題的處理步驟化，尤其是在壓力下。例如，在心肺復甦術中，我們使用口訣（叫叫CABD）來指引步驟，或是遵循珍愛生命守門人的三個步驟：一問、二應、三轉介。步驟化的好處在於，在緊急情況下，我們可以依靠良好的因應方式來應對問題，而不會手忙腳亂。

同樣地，在諮商方面，步驟化的方法也可以幫助個案更容

易理解和應用問題解決策略，從而更有效地解決他們的問題。透過將複雜的情緒和困惑分解為一系列步驟，我們可以幫助個案逐步理解和處理自己的情感和困境。這種步驟化的方法有助於建立諮商過程中的清晰方向，並提供有效的輔導和治療。

　　當心理學與腦科學相結合，我們可以將步驟化的策略應用於日常生活的自我照顧和諮商輔導中。透過明確的步驟和指引，我們能夠幫助自己和他人更好地理解和應對問題，提升生活品質並促進心理健康。

壓力因應四步驟

停　止自己失控的情緒

看　看這是誰的問題

聽　懂焦慮的來源

走　出健康的腦迴路

　　本書旨在探討如何將神經心理學運用於日常生活的自我照顧和諮商輔導，以及心理治療的實際應用。特別是在「優質壓力的管理策略」這一章節中，我將詳細闡述步驟化的臨床實踐，幫助讀者更清晰地理解這些原則的是如何運用於實務工作上。

四個階段

神經心理諮商的過程可以分為四個階段，讓我們一一介紹它們。這些階段的目標是協助我們更好地應對心理困擾，提升自我照顧能力，以及在諮商輔導和心理治療中取得更好的效果。

第一階段：心理困擾的分析

在這個階段，作為助人工作者，我們與個人攜手合作，探索並理解他們所面臨的心理困擾的本質和原因。我們透過聆聽和提問的方式，幫助個人澄清問題，確定他們的目標和需求。同時，我們也努力運用腦神經科學的觀點來理解個案所面臨的困境。

第二階段：分享相關腦科學的知識

在這個階段，助人工作者將以易懂且有趣的方式向個人介紹相關的腦科學概念和研究發現。透過這種知識的分享，個案能夠更好地理解他們自身的情感和行為反應，並開始認識到腦科學對於心理健康的重要性。

第三階段：洞察程度的評估

在這個階段，助人工作者將與個人一起探索和分析他們的內在體驗和反應模式。通過深入的對話和觀察，助人工作者幫助個人認識不健康的思維模式和行為模式，並協助他們建立更健康和積極的替代方式。這個階段的目的是幫助個人增加對自己的洞察力，並發展出更有效應對困擾的方法。

第四階段：鍛鍊健康腦肌力

在這個階段，助人工作者根據個案問題的不同來引導個人進行一系列的活動和練習，以培養和鍛鍊他們的心理和情緒健康。這些活動可能包括正念練習、情緒調節技巧、自我照顧策略等。透過這些練習，個人能夠增強自我調節和自我照顧的能力，並在日常生活中更好地應對壓力和挑戰。

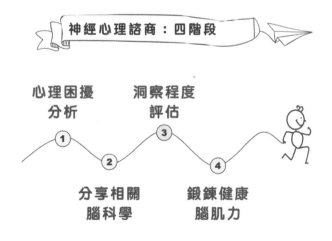

在本書的「整合神經心理諮商理論模式實務運用」章節中，將深入探討每個階段的目標、技巧和實際操作，並提供具體的示例，以幫助你理解和應用神經心理學於日常生活的自我照顧和諮商輔導中。這些實踐方法將幫助你建立更健康的心理狀態，改善生活品質，並促進個人的成長與發展。

五個好處

我們的思想和情緒對我們的身體有著深遠的影響，而這些思緒和情緒是由我們的大腦所主導的。近年來，結合神經科學和心理學的研究顯示，將神經科學的應用在自我照顧和諮商領域中，對個案有著五大重要的好處，讓我們來一一探討這些好處（Miller & Beeson, 2021）：

1. 將疾病去汙名化：以腦科學的反應來解釋個案的問題行為，而非以負向的自我觀點來看待，有助於消除對疾病的污名化。這種轉變的觀點能夠減少個案的指責感和自責感，使他們更容易感受到他人的同理心。

2. 增加個案的被同理感：當個案減少了指責和自責感後，他們更容易感受到來自他人的同情和同理。這種情感上的連結可以促進個案的情緒療癒和心理成長。

3. 一般化個案的經驗和改變：將個案的經驗和改變歷程一般化，可以幫助個案認識到他們的問題並非孤立存在，而是一個普遍的現象。這種認識能夠增強個案的正向信

念，並鼓勵他們對治療和改變的期望。

4. 提供科學佐證的思考和調整：腦科學為個案的思考、感受、情緒和行為調整提供了科學的佐證。這種基於科學的理解能夠幫助個案更好地理解自己的內在運作方式，從而促進自我覺察和改變。

5. 強化改變動機：當個案了解到自己的大腦是可塑的，並且能夠通過努力和訓練改變和成長時，他們會更有動力參與治療過程，並持續投入努力。也就是說，透過腦科學知識的理解，可以強化個案的參與度和改變的動機。

神經科學應用於自我照顧和諮商領域，對助人工作者也帶來了許多好處 (Field, Jones, & Russell-Chapin, 2017)，以下是五個主要的好處：

1. 提供了與臨床醫生進行溝通的機會：神經科學的知識使助人工作者能夠更好地理解醫學專業的術語和概念，從而更有效地與臨床醫生進行交流和協作。

2. 協助個案概念化和治療計畫的制定：基於大腦功能的觀點，助人工作者能夠更深入地了解個案的問題和需求，從而制定出更具針對性和個人化的治療計畫。

3. 進一步幫助個案了解自身問題：透過基於大腦功能的心理衛生教育，助人工作者能夠幫助個案更深入地了解他們自身的問題，從而增強他們對自我照顧和自我治療的能力。

4. 提供身心健康整合的觀點：神經科學的知識使助人工作者能夠以更全面的方式來看待個案的問題，將身體和心理健康的因素納入考慮，從而提供更全面和綜合的治療方法。

5. 更有效能的介入：神經科學的概念可以幫助助人工作者設計和應用更有效的介入計畫（如生理回饋等），以增強個案的自我調節和自我管理能力。

綜合以上，將神經科學應用於自我照顧和諮商的運用中，可以幫助我們轉變觀點，減少指責感和自責感，增加同理心，將個案的經驗一般化，提供科學佐證，並強化個案的參與和動機。這些好處將有助於個案實現自我照顧和諮商目標，提升其生活品質和心理健康。

腦科學於自我照顧的臨床運用

　　為什麼人們會感到不快樂？為什麼有些人總是陷入同樣的錯誤中，無法從教訓中吸取經驗教訓？這是因為我們對人腦的操作指南缺乏了解。要想過上幸福快樂的生活，我們需要掌握與大腦相關的健康科學知識。那麼，我們應該如何培養大腦的幸福感、減少惡性壓力、促進親子互動、提升學習和記憶能力，以及養成良好的習慣呢？首先，我們需要重新思考我們目前大腦運作的習慣迴路，並逐步建立新的思考模式。

　　常言道，旁觀者清。如果我們無法獨自解決人生困境，就需要尋求助於心理專業人士。心理專業人士可以通過多種方式來幫助個案解決困境，其中之一就是心理教育（psychoeducation）。

　　心理教育結合了心理治療和教育的元素，協助助人者解決困境。傳統的心理教育主要提供與疾病發生原因、藥物效果和副作用等相關的資訊。然而，近年來，隨著大腦功能檢測技術的進步，一些心理專業人士開始將腦神經科學的知識整合並應用於臨床實踐中。這種介入方式被稱為神經教育（neuroeducation）。

接下來，我們將深入介紹健康生活的良好習慣、優質壓力的管理策略、克服拖延症的方法、提升記憶力的技巧、增強說服力的祕訣、發揮內向者的優勢、職場達人的成功心法、愛情的神祕力量、高效親職的指南、延緩老化的良方，以及精神疾病的照護之道等相關神經心理教育的主題：

健康生活的良好習慣

對於壓力的應對能力存在著差異，有些人能夠輕鬆應對，而有些人卻難以度過低谷。這種差異主要與個人的心理韌性（resilience）有關。那麼，我們該如何培養高品質的心理韌性呢？在日常生活中，有五個重要的健康習慣值得我們培養：良好的飲食、充足的睡眠、笑口常開、積極運動以及建立良好的人際關係。

良好的飲食

在本書中，我將探討飲食與情緒之間的密切關係。大腦中的神經傳遞物質血清素和多巴胺，在調節我們的快樂和活力情緒方面扮演著關鍵角色。在我之前的著作《當心理學遇上腦科學（一）：大腦如何感知這個世界？》中，我有介紹了血清素和多巴胺的功能。多巴胺的釋放能夠讓我們感到快樂和受到獎勵，進而促使我們反覆執行特定的行為。相反地，如果多巴

胺分泌不足，我們的動機、渴求、獎勵感、注意力、記憶力甚至身體反應都會受到影響。而血清素則有助於提高我們的掌控感，增加腦內血清素的量可以調節情緒和壓力反應。

　　或許你也有類似的經驗，當你感到壓力或情緒低落時，吃一些甜食、餅乾、麵包等碳水化合物食物會帶來一種緩解壓力、開心感的感覺。這是為什麼呢？當我們攝取碳水化合物時，血糖水平會升高。高血糖狀態下，身體會釋放胰島素。胰島素會使能讓肌肉使用的胺基酸進入肌肉，而其中一種胺基酸叫色胺酸是血清素的前驅物質，因為沒有辦法被肌肉所使用，使得血液中色胺酸的濃度因為其他胺基酸被輸送到肌肉而相對提高。血液中相對提高的色胺酸，就會被送至大腦，因而提高了血清素的合成（Höglund, Øverli, & Winberg, 2019）。

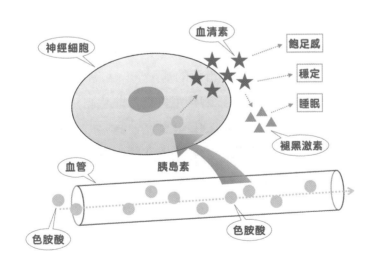

大腦中的血清素，是一種對心情具有正面影響的神經傳遞物質，可以在我們食用甜食時短暫地增加。然而，這種增加是暫時的，如果我們沒有從食物中攝取足夠的色胺酸，血清素的效果無法持久。換句話說，依賴吃甜食來提升心情只能帶來短暫的效果，並且會導致對甜食的渴求，反而培養了不健康的飲食習慣。

　　如果我們仍然希望依靠碳水化合物改善心情，我們可以選擇食用複合碳水化合物而非單一碳水化合物的食物，如全穀麵包、蘇打餅乾、豆類和糙米飯。這些食物同樣可以使血糖升高，進而提升大腦中的血清素水平。不過，由於複合碳水化合物的吸收速度較慢，可以避免血糖劇烈波動引發對甜食的渴求，更符合心理健康原則。此外，全穀麵包需要更多咀嚼，這個面部動作本身就能刺激腦部血管活化，有助於提供更多能量給大腦。研究也顯示，經常攝取含糖飲料和甜點零食的人容易出現與憂鬱相關的症狀。相反，經常食用高纖維的全穀類食物和蔬果的人，較少出現情緒低落的情況。

　　因此，了解腦部血清素的作用可以幫助我們在日常生活中運用神經心理學的知識來進行自我照顧。我們可以選擇食用複合碳水化合物的食物，提升大腦中的血清素水平，同時避免對甜食的過度渴求。這一概念有助於改善心情、減輕壓力並促進心理健康。

　　在我們依賴甜食提升心情時，除了可能產生對甜食的上癮，還存在一個負面效應，即過量攝取糖分可能導致孩子表現

出過動和情緒不穩定的行為。這種現象的原因在於攝入糖分後，胰島素的分泌被刺激，進而引起反應性低血糖。當血糖降低時，腎上腺素的釋放增加。結果，腎上腺素的增加會導致孩子表現出活躍度增加、難以坐定等相關問題。近年來，注意力不足過動症在兒童中的發病率有所增加，有可能其中一部分是因為孩子攝入過多糖分所導致的行為和情緒問題，而被誤認為是注意力不足過動症的症狀。此外，高糖食物也可能損害大腦海馬迴皮質，進而影響我們的學習和記憶能力。

關於糖分和壓力之間的關聯，我提出一些建議。在壓力較小、理智清晰的時候，建議選購一些複合碳水化合物的食物。即使在難以自控時，這些食物相較於高熱量和高糖分的食物，仍然是更好的選擇。生活中難免會有壓力的存在，當面臨短期壓力（例如面試、演講等）時，我們可以允許自己在短時間內食用一些精緻的甜點來應對壓力，讓自己有機會順利度過難關，這可以視為一種妥協的方式。

通過以上的解釋和說明，我們可以理解當人們感到壓力或情緒低落時，他們會渴望食用碳水化合物。但是，你可能會有更多疑問，因為許多人在沒有壓力或情緒低落的情況下也會愛上吃甜食。這涉及到一個重要的神經傳遞物質，即多巴胺。

從腦神經科學的角度來看，攝入大量碳水化合物會觸發胰島素的釋放，進而促進多巴胺的合成和釋放，使食物具有更強的獎賞價值和愉悅感。然而，胰島素的分解和葡萄糖的利用會導致多巴胺的合成速率下降，從而產生一種空虛感，使人們

想要進一步攝取更多的食物。長期攝入高糖飲食可能導致胰島素抵抗和多巴胺受體下調，降低大腦對獎賞的反應性，進而影響學習和記憶能力。此外，高糖飲食可能引起不良的生物學反應（例如發炎反應等），進一步損害大腦的功能（Cai et al., 2018）。

　　吃甜食可以增加大腦中的血清素和多巴胺，讓我們暫時感到快樂和掌控感。然而，長期依賴這種方法會對大腦造成損害。那麼，我們該如何在提升血清素和多巴胺的同時保護大腦呢？讓我們從製造這些物質所需的原料談起。

　　製造血清素和多巴胺所需的原料分別是色胺酸（tryptophan）和酪胺酸（tyrosine）。這兩種胺基酸無法由身體自行合成，需要透過飲食攝取。首先，我們來談談血清素。除了使用抗憂鬱藥物，我們還能通過攝取色胺酸增加大腦中的血清素。色胺酸是製造血清素的原料，它是人體必需的胺基酸。然而，人體無法自行合成色胺酸，但色胺酸存在於許多日常食物中。因此，如果想要製造足夠的血清素，我們需要均衡攝取富含色胺酸的食物，例如杏仁、豆腐、納豆、毛豆、南瓜子、堅果、牛奶、優格、燕麥、起司、香蕉、鮭魚、鮪魚、肝臟、雞胸肉等。因此，在享受美食的同時，我們也應該思考如何透過飲食來維持良好的心情。

　　另外，血清素的合成也與陽光的照射量有關。陽光可以促進血清素的合成，尤其是早上的陽光對此非常重要。在冬季，由於缺乏足夠的陽光照射，容易感到情緒低落，特別是在高緯

度地區更常見。夏季時，人體中的血清素含量相對較高，卽使是陰天，走出室外也能獲得比室內更多的陽光。適度地曝露在陽光下，除了避免過度曝曬對皮膚的損傷外，還可以增加血清素的分泌。陽光可以被視爲一種天然的抗憂鬱劑。順帶一提的是，咖啡因會抑制血清素的合成，所以在日常生活中最好減少攝取含咖啡因的飲品。

接下來，我們來談談一個能夠爲我們注入活力的神經傳遞物質——多巴胺。多巴胺在情緒、動機和注意力等方面對我們有著重要的影響，因此，在自我照顧和諮商領域中，提高多巴胺水平可以幫助人們更專注、更有動力並積極參與學習或諮詢活動。此外，神經心理學在教育和諮商中還有許多其他應用，例如認知和情緒調節，這些都能幫助人們更好地適應學習和生活。

胺基酸是食物中常見的一類化合物，其中一種被稱爲酪胺酸。酪胺酸在多巴胺的生成中扮演著重要的角色，它存在於蛋白質豐富的食物中。當我們攝取足夠的酪胺酸時，體內的酶可以將其轉化爲多巴胺。下頁的圖示，是酪胺酸合成多巴胺的相關路徑。

神經科學研究發現，酪胺酸在多巴胺的合成中扮演著關鍵的角色。我們的身體內有一種酵素，能夠將酪胺酸轉化爲多巴胺，而擁有足夠的酪胺酸對於多巴胺的生成非常重要。所以，我們可以透過飲食的方式來促進多巴胺的合成。

研究表明，選擇富含蛋白質的食物可以提供足夠的酪胺

酸，進而支持多巴胺的生成。這些蛋白質食物包括火雞肉、牛肉、鮭魚、雞蛋、大豆、芝麻、乳酪和堅果等。如果你平時的飲食中缺乏這些食物，可能會導致多巴胺的合成不足。

Tyrosine Hydroxylate	DOPA Decarboxylase	Dopamine Beta-hydroxylase	Norepinephrine N-methyltransferase

酪胺酸 → **左旋多巴** → **多巴胺** → **正腎上腺素** → **腎上腺素**
L-Tyrosine　　L-DOPA　　Dopamine　　Norepinephrine　　Epinephrine

　　這裡提醒你，在選擇食物時要特別關注富含蛋白質的來源。例如，你可以在早餐時添加一個雞蛋或在午餐時選擇一份烤鮭魚，這些都是增加酪胺酸攝取的好方法。此外，你也可以選擇食用一些堅果作為點心，或在餐前吃一些乳酪，以增加酪胺酸的攝取量。

　　藉由飲食方式來促進多巴胺的合成，有助於維持身心的平衡和幸福感。然而，我們需要注意，飲食僅是多巴胺生成的一個方面。其他因素，例如運動、良好的睡眠和情感的調節，也對多巴胺的合成和平衡起著重要作用。

　　此外，適量攝取咖啡可以提高腦中的多巴胺。一項於2015年的研究發現，20名參與者在攝取300毫克咖啡因後，大腦中

的多巴胺有所提升。因此，每天攝入100-300毫克的咖啡因可以增強大腦中的多巴胺迴路，提高警覺性和注意力，改善記憶和學習。然而，每個人對咖啡因的反應各有不同，所以在使用咖啡因之前應該考慮個人情況，以決定是否使用。

順帶一提的是，咖啡因是咖啡的主要成分，具有使人保持清醒的效果。這是因為咖啡因的化學結構和腺苷酸非常相似。當我們飲用含有咖啡因的飲料時，咖啡因進入血液循環並通過血腦屏障，與腺苷酸受體結合，抑制腺苷酸的活性。當大腦中的腺苷酸濃度累積到一定程度時，就會引起想睡眠的感覺。咖啡因的作用是競爭腺苷酸受體，抑制下游訊息傳遞，使神經系統保持活躍，產生提神醒腦的效果。

咖啡因的代謝時間因人而異，受到多種因素的影響，包括咖啡的種類、劑量、個體的代謝速率和肝臟健康狀況等。一般而言，咖啡因的半衰期約為3-5小時。這意味著攝取含有100毫克咖啡因的飲料後，約3-5小時後體內咖啡因的濃度會減半。完全清除咖啡因需要更長的時間，大約需要約10個小時才能完全排出體外。因此，如果在下午晚些時候飲用含有咖啡因的飲料，可能會對晚上的睡眠造成干擾。

有人建議在午睡前喝一小杯咖啡，因為咖啡因約需25分鐘進入血液循環。這樣，在短暫的午睡大約半小時結束時，咖啡因也恰好開始發揮作用，能讓我們下午保持更加專注的精神狀態。

將上面的資訊做個小結論，胺基酸主要有兩種，一是酪胺

酸，另一個是色胺酸。色胺酸與血清素的合成有關，而酪胺酸則與多巴胺、腎上腺素和正腎上腺素有關。當我們攝取含有酪胺酸的蛋白質食物時，大腦會有足夠的材料來合成多巴胺和腎上腺素，從而提振我們的精神和思緒敏捷性。而攝取含有碳水化合物的食物則會增加大腦分泌血清素的量，使大腦處於穩定的狀態，提升我們對情緒的掌控感。簡單來說，當我們面臨壓力時，增加蛋白質的攝取量可以提振我們的精神，而增加碳水化合物的攝取量可以緩解緊張的情緒。

除了與血清素和多巴胺相關的食物外，巧克力的食用也可以改變我們的心情，因此在適當的情況下值得嘗試（Toplar, 2017）。這主要是因為巧克力中含有咖啡因和可可鹼，這些成分能夠產生興奮感，促進血清素和腦內啡的合成和釋放，從而使我們感到快樂。然而，在食用巧克力時需要注意，一般含量較低的巧克力產品通常含有較高的糖分和脂肪等成分。糖分可以短暫增加血清素，使我們的心情得到暫時緩和。然而，過多攝取含糖食物會使我們產生上癮的渴求，同時也直接損害我們的腦神經健康。因此，在選擇巧克力時，請選擇可可含量70%以上的黑巧克力，每週可嘗試食用1到3次，每次食用量不超過30克，以獲得保健效果，同時避免攝取過多熱量的問題。

談完飲食與血清素、多巴胺和腦內啡的關係後，我們再來談如何透過飲食增加催產激素。飲食中的某些成分可以影響體內激素的合成和平衡，進而對生理過程產生影響，特別是維生素D、維生素C和鎂與催產激素的分泌有相當的相關。攝取足

夠的維生素C（例如柳橙汁、奇異果等）有助於催產激素的合成。維生素C的充足攝取可以促進身體正常合成和釋放催產激素，進而調節情緒和壓力反應。缺乏維生素D（例如鮭魚、蛋黃、蘑菇等）可能會對催產激素的正常分泌產生影響。維生素D是一種關鍵的營養素，它參與調節神經系統的功能，包括催產激素的合成和分泌。因此，確保維生素D的充足攝取，對於維持正常的催產激素水平和心理健康至關重要。此外，富含鎂的食物（例如黑巧克力、酪梨、堅果、香蕉等）也對催產激素的分泌起著一定的調節作用。鎂是一種重要的礦物質，在神經傳遞和情緒調節中扮演著關鍵的角色。適當攝取富含鎂的食物可以幫助維持催產激素的平衡，促進身心的平靜和放鬆。

　　雖然我們可以嘗試地透過飲食增加催產激素，但需要注意的是，飲食與催產激素的關係是一個相當複雜的領域，研究結果並不一致，且受到個體差異和其他生活方式因素的影響。

催產激素
{
維他命 D：鮭魚、蛋黃、蘑菇

維他命 C：柳橙汁、奇異果

鎂：黑巧克力、酪梨、堅果、香蕉

在我們日常生活中，飲食對大腦的影響深遠。它不僅可以增加大腦幸福腦激素的分泌，還能提升神經細胞之間的傳導效率。事實上，相較於其他器官，我們的腦組織中約有一半是脂肪，而另外40%則是蛋白質。這顯示脂肪對於大腦至關重要。脂肪可分爲飽和脂肪和不飽和脂肪，其中Omega-3脂肪酸是一種重要的不飽和脂肪酸。它不僅能影響大腦血清素的功能，還爲神經細胞提供重要的構成材料，使神經傳導更加有效率。

Omega-3脂肪酸有三種主要類型：ALA（存在於植物油中）、EPA和DHA（存在於海洋動植物的油中）。DHA在大腦中扮演著重要的角色，占據大腦皮質約20%的成分，是神經細胞膜油酯的重要組成部分。它提供營養和代謝支持，促進神經傳導的功能，激活腦細胞，並提升記憶力和思維邏輯。而EPA則有助於促進血液循環，增加腦部供氧和營養的供應量。

研究顯示，Omega-3脂肪酸在海魚中的含量與治療憂鬱症的藥物相當，能夠增加血清素的分泌。一些富含Omega-3脂肪酸的食物包括堅果、魚油和鮭魚等。DHA是大腦神經細胞的重要構成要素，能夠改善神經傳導效能。

在追求大腦健康的同時，我們也需要思考如何延緩神經細胞的老化。一些食物具有抗氧化功能，如富含Omega-3不飽和脂肪酸的食物、花椰菜、地瓜葉、番茄和胡蘿蔔等。這些食物有助於預防腦部老化。相反，長期攝取飽和脂肪酸，如豬油等，容易引起身體細胞發炎，進而對腦神經造成損害。因此，我們應該選擇攝取對身體有益的油脂，以抵抗發炎反應。

此外，遠離酒精對於大腦健康也至關重要，因為酒精會對腦神經產生負面影響，並可能導致腦萎縮。同樣地，持續攝取高熱量的食物也會影響腸道與大腦之間的溝通。腸道的上皮細胞在我們吃飽時會釋放出飽足的訊息，告訴大腦我們已經滿足了。然而，持續攝取高油脂的食物會降低腸道向大腦發送飽足訊息的能力，導致我們需要攝取更多的食物才能感到滿足。因此，在日常生活中，減少攝取過多高油脂食物是明智的選擇。

最後，讓我們談談益生菌這個主題。從神經心理學的角度來看，腸道是與我們的大腦緊密相連的器官之一。腸道內擁有大量的神經細胞，僅次於我們的腦部，因此腸道被稱為「第二大腦」。這種聯繫非常重要，因為腸道的狀態與我們的身心健康密切相關。

腸道對於維持健康需要攝取兩種重要的營養素：植物纖維和有益菌。植物纖維可以在蔬果中找到豐富的來源，它們能夠促進腸道的健康功能。有益菌則存在於發酵食品中，例如優酪乳、大醬、納豆和豆腐乳等。這些有益菌有助於維持腸道內的微生物平衡，對我們的身心健康起到積極的影響。

通過增加蔬果和適量的發酵食品的攝取，我們可以維持腸道的健康狀態。這樣做不僅對腸道本身有好處，還會對我們的整體身體和心理健康產生積極的影響。值得一提的是，這些食物不僅可以提供所需的營養素，還可以為我們的味蕾帶來多樣的風味和口感。

腸道和大腦之間的聯繫是一個令人驚奇且日益受到關注的

領域。隨著對腸腦軸的研究不斷深入，我們將更好地理解腸道健康和心理健康之間的關係。因此，在日常生活中，我們可以通過飲食上的選擇和注意腸道健康，爲自己的身體和心靈創造更健康的環境。

充足的睡眠

你是否好奇當人們入睡時，他們的大腦在做些什麼呢？在創造人類時，上帝將生命中的三分之一用於睡眠，可見睡眠對我們至關重要。若將我們大腦的運作比作一台電腦，白天大腦會記錄我們的感覺、動作和其他相關經驗，這些使用過的資訊就像是暫存檔案。而晚上睡覺時，我們的大腦會將這些暫存檔案進行整理和歸檔，將其轉存至長期記憶庫中，並釋放空間以容納新的生活資訊。同樣地，白天透過適時的放鬆，也能達到類似效果。這就像手機使用時間過長會發燙，稍微休息後，手機又能恢復正常溫度，運作效能也會更好一些。

從腦神經科學的角度來看，良好的睡眠不僅有助於提升記憶力和大腦的運作效能，還能對大腦進行保護。睡眠有助於大腦中的腦脊髓液清除有害的發炎物質，從而促進大腦的健康。大腦擁有自己獨特的廢棄物處理系統，在睡眠階段時，大腦中的膠淋巴系統會變得特別活躍，將腦脊髓液推送到各個區域，有助於清除不需要的廢棄物。這個排毒系統幾乎完全在睡眠階段中運作，原因是大腦中的正腎上腺素在睡眠階段時分泌減

少。當大腦中的神經細胞暫時停止工作時，神經細胞會收縮，從而增大了神經細胞之間的間隙，為負責清理工作的腦脊髓液提供更多空間。因為在睡眠期間，大腦中的神經膠細胞體積變小，這樣一來，腦脊髓液就可以更快地流動，是清理大腦中有害蛋白質的最佳時機。如果一整天熬夜，人們的腦力和體力狀態會與酒醉後極為相似。

腦科學與睡眠之間有著密切的關係，尤其是在睡眠的非快速動眼期階段，我們的大腦會產生許多慢波。這些慢波引起腦脊髓液的擾動，使新鮮的腦脊髓液進入大腦，形成類似海嘯的節奏，每20秒一次。相較於清醒時，大腦的腦脊髓液像是平靜湖泊的微小波動。這個夜間的排毒系統對於我們的大腦功能至關重要，也解釋了為什麼我們需要花上1/3以上的時間來睡覺。簡單來說，良好的睡眠品質有助於大腦清除有毒物質。

然而，腦脊髓液的流動和擴散與年齡有關，且隨著年齡增長，其效能會自然減退。腦脊髓液的流動在大腦中起著清除有害發炎物質的重要作用，因此對於長者而言，睡眠的重要性更加突出。藉著培養良好的睡眠習慣，我們可以增強腦脊髓液的流動效率，減少潛在的發炎風險，從而延緩腦部老化的過程。因此，給予長輩充足的睡眠支持和關注對於他們的健康和幸福至關重要。

睡眠質量的決定有兩個關鍵因素：清醒驅力和想睡驅力。清醒驅力受到生物鐘的控制，這個生物鐘存在於大腦內，負責調節我們的晝夜節律。生物鐘會向身體各個部位和器官發送信

號，讓我們感到困倦或清醒。最近的研究表明，平均的生物鐘周期大約是24.2小時。換句話說，如果沒有外界環境的影響，大多數人的睡眠時間每天會推遲10-15分鐘。每個人的晝夜節律因基因而異。有些人喜歡早睡早起，而有些人則更偏向晚睡晚起。晝夜節律也會隨著年齡變化，兒童通常需要更長的睡眠時間，而年長者則需要較少。

想睡驅力是另一個影響睡眠質量的重要因素，它與一種名為腺苷酸（adenosine）的化學物質有關。腺苷酸與特定的受體結合時會抑制某些神經傳遞物質的釋放，從而產生想要入睡的效果。腦內的腺苷酸累積越多，我們就越想入睡。睡眠是唯一能夠清除腺苷酸的方式，如果我們睡眠不足，腺苷酸會在第二天累積，這就是我們所謂的「睡眠債」。

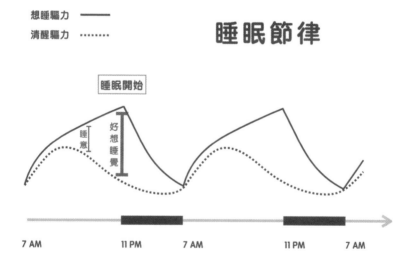

另外，自律神經系統對於我們的睡眠品質，也有重要的作用。一個好的睡眠對於我們的身心健康至關重要。其中，洗熱水澡在睡前是一個有益的習慣。這不僅能夠讓我們身體得到清潔，更重要的是它有助於降低體溫，從而促進良好的睡眠。當我們洗澡時，熱水會使體溫上升，但在洗完澡後，身體溫度開始逐漸下降。這個下降的過程有助於增加副交感神經的活動，使我們更容易進入睡眠狀態。不過，洗澡後的身體溫度並不會持續過高，大約1小時後，體溫會進一步降低，此時人體更容易進入深度睡眠。因此，泡個熱水澡成為睡前的一個好習慣，可以幫助促進我們的睡眠質量。

　　為了有效地在清醒和睡眠之間切換，我們需要血清素和褪黑激素的協同作用。血清素的充足可以促進褪黑激素的生成，進而有助於睡眠。同樣地，充足的睡眠也可以增加血清素的分泌。血清素主要在快速動眼期睡眠階段開始分泌，因此睡眠不足會影響白天的血清素分泌，進而影響晚上的睡眠品質，形成惡性循環。

　　根據神經科學家的研究，影響日夜節律轉換的因素之一是光線的刺激和光線的隔絕。其中，早上起床後的太陽光尤其重要。一般而言，學校教室的日光燈照度約為500勒克斯，而戶外光線的照度可以達到800到1000勒克斯以上，遠高於室內照明。因此，建議在早晨醒來後的第一件事是拉開窗簾，讓陽光進入房間。進行早晨日光浴有助於大腦分泌足夠的血清素，為一整天注入活力。你可能會問「早晨日光浴需要多久？」根據

腦科學領域的建議，大約30分鐘左右的時間就可以產生足夠的血清素效果。

　　夜晚陽光消失後，黑暗降臨，血清素開始轉化合成爲褪黑激素，幫助我們感到困倦入睡。值得一提的是，市面上的褪黑激素含量較低，因爲高劑量的褪黑激素容易產生副作用。在低劑量情況下，褪黑激素對治療失眠的效果有限，不太建議作爲首選治療失眠的選項。然而，對於因國際旅行引起的時差問題所導致的失眠，試著使用含有褪黑激素的保健產品可能是一個選擇。

　　眼前的可見光波長範圍介於400到700納米之間，並以紫、靛、藍、綠、黃、橙、紅的順序排列，每種顏色對應不同的波長長度。在神經心理學中，我們需要關注紅光對於提高腦部的警覺度和調節生理節奏的幫助，能讓人感到更清醒。相反，藍光會抑制松果體分泌褪黑激素，進而干擾大腦的生理時鐘。過度使用手機或暴露在藍光下睡覺，會讓大腦誤以爲是白天，進而抑制褪黑激素的分泌，導致入睡時間延遲。因此，在晚上或夜間應該避免過度接觸藍光。

　　此外，由於藍光的波長相對較短，能量較強，容易在空氣中散射，這就是爲什麼我們看到的天空呈現藍色的原因。長期暴露於藍光下可能導致視網膜上黃斑部病變。或許你會想，既然藍光會對眼睛造成傷害並抑制褪黑激素的分泌，那我們是否可以將3C產品的亮度調到最低以避免藍光的傷害呢？實際上，答案是否定的。當我們將螢幕亮度調暗時，瞳孔會放大，進一

步增加光線進入眼睛的量，從而藍光進入眼睛的總量並沒有太大差異。換言之，減少3C產品的使用才能更有效地避免藍光對眼睛和大腦可能造成的危害。

　　腦科學研究顯示，睡眠對於我們的大腦功能至關重要，不僅涉及到血清素和褪黑激素的調節，還會影響到多巴胺的分泌。多巴胺是一種神經遞質，它在大腦中扮演著調節動機、注意力等重要功能的角色，與我們的警覺和清醒感密切相關。

　　大腦中的多巴胺分泌呈現出一個自然的節律，白天多巴胺分泌較高，而晚上則下降。這種節律的破壞往往與睡眠不足有關。當我們缺乏充足的睡眠時，大腦在夜晚的大部分時間仍需要保持清醒，這就打亂了多巴胺的分泌節奏。結果，第二天早上，我們的大腦多巴胺受體的可使用性就會大幅下降（Volkow et al., 2012）。這可能導致白天注意力不集中、記憶力下降、警覺度不高以及動機缺乏。

　　究竟要睡多久才算夠呢？這個問題並不容易回答，因為合適的睡眠時間因年齡而異。一般成年人每晚大約需要6至8個小時的睡眠。在這段6至8小時的睡眠時間內，我們會經歷4至6個睡眠週期。其中，淺度睡眠占了整個睡眠時間的50%左右。雖然淺度睡眠對身體也有其獨特的功能，但相對於深度睡眠而言，在恢復疲勞方面的效果相對較弱。相比之下，深度睡眠的時間雖然只占整個睡眠時間的25%，但對於緩解疲勞卻有更為重要的作用。如果深度睡眠時間比例過低，睡眠對於緩解疲勞的效果就會明顯受到影響。

充足的睡眠還有另一個好處，那就是可以降低杏仁核的活性。研究表明，睡眠不足會增加杏仁核的活化程度，而其中快速動眼期睡眠尤其與降低杏仁核活性有關。也就是說，有足夠的快速動眼期睡眠可以有助於減輕杏仁核的活化程度。神經科學家已經證實，睡眠週期後半階段的快速動眼期睡眠會變得更頻繁。假如你先睡四個小時，然後中斷半小時，再睡四個小時，雖然總睡眠時間為八個小時，但這種方式和一次性睡滿八個小時是不同的，因為前者的快速動眼期睡眠比例較低。這意味著，如果你想要透過睡眠來減輕杏仁核過度活化的問題，最好的方式是一次性睡滿八個小時，而不是分段睡眠。

　　因此，了解到底需要多久的睡眠時間才足夠是非常重要的。每個人的需要略有差異，但對於大多數成年人來說，每晚6至8個小時的睡眠時間是一個合理的參考範圍。保持充足的睡眠對於身心健康至關重要，對於提升自我照顧和諮商輔導的實踐也具有重要價值。

　　除了建議每晚應該獲得充足的八小時睡眠外，許多人對於日間午睡的需求存有疑問。讓我們從腦科學的角度來探討一下午睡的好處以及注意事項。生理節奏在中午時會導致我們的行動減緩，思緒變得不那麼敏捷。因此，在中午休息一下有助於提升大腦的效能。這也是為什麼午睡對於許多人來說是一種自然而然的需要。然而，需要注意的是午睡的時間不宜過長，最好控制在半個小時左右。如果午睡時間超過一個小時，有可能進入深度睡眠階段。在深度睡眠階段，大腦的神經活動會被壓

制，這可能會導致醒來後感到疲倦，產生反效果。

另外，下午3點後最好不要午睡。這是因為晚上要獲得良好的睡眠品質，我們需要在白天累積一些驅使我們想要入睡的腺苷酸物質。如果在下午太晚進行午睡，可能會影響晚上的入睡時間和睡眠品質。

總結來說，從腦科學的角度來看，午睡對於大腦的恢復和效能提升是有益的，但需要注意控制午睡時間，避免進入深度睡眠階段。午睡的最佳時間是在中午，並且在下午3點後避免午睡，以確保晚上的睡眠品質。了解這些腦科學原理，我們可以更好地規劃自己的日間休息，以維護身心健康和提升生活品質。

接下來，我們將探討與記憶固化相關的夢境現象。夢境對於每個人來說都是一種正常而不可或缺的心理現象。當我們入睡後，大腦的某個區域仍然保持活動，這就是夢境產生的神經科學基礎。通常，我們在醒來後可能還能模糊地回憶一些夢境片段，但隨著時間的推移，這些片段很快就會消逝無蹤。這並不表示我們的記憶力有問題，而是一種普遍現象。有些人能夠記住一些夢境，而其他人則在醒來後很快就將夢境遺忘。那麼，夢境對我們有什麼作用呢？現在我們來談談夢境的生成過程。

俗話說「日有所思，夜有所夢」，從神經科學的角度來看，這句話沒有錯。夢境是在睡眠期間，大腦將白天身體所接收到的各種刺激以及在不同腦區留存的外界刺激訊號整合起來

產生的影像活動。換言之，在睡眠期間，大腦根據某種原則將白天的刺激、過去的記憶和思考模式等整合起來，形成我們所看到的夢境。

夢境的生成過程是非常複雜的，涉及多個腦區之間的交互作用。這些腦區包括辨識、情感、記憶和視覺等相關區域。當我們入睡後，這些腦區開始相互溝通，將日間的刺激與記憶重新組織和連結，形成具象的夢境。這種重新組織和連結的過程不受我們的控制，因此夢境常常呈現出零散、難以理解的場景和情節。

夢是我們每天晚上經歷的一種正常現象，一般每晚我們會做4到6個夢，每個夢的持續時間約爲5到15分鐘。夢通常占據整個睡眠時間的20%到30%。無論我們是否能夠記得夢境，做夢是一個常見的生理過程。在整個睡眠過程中，夢可能發生在不同的階段，但相較於非快速眼動期的夢境，快速眼動期夢境更容易被記憶。此外，快速眼動期夢境更加生動鮮明，並帶有較多的負面情緒。兒童的夢境通常相對單純，但隨著年齡增長，夢境也變得較爲複雜。

有些人可能不記得自己做夢的內容，而其他人則經常感覺自己做夢，甚至覺得夢境使他們在白天感到疲憊。關於「頻繁做夢會讓人白天感到疲累」這個說法，事實如何呢？實際上，夢境對於記憶的鞏固是必要的，屬於正常的生理反應。每個人都會夢，只是有些人醒來後能夠記得夢境，有些人則不能。記得夢境是因爲大腦在夜間恰好在快速眼動期醒來，所以才會記

得夢境的內容。一般而言，能夠記得夢境的人，在半夜醒來的次數較多。夢境本身並不會影響睡眠質量，頻繁做夢並不會對我們的睡眠造成影響，相反，記得夜晚的夢境表示我們在睡夢中醒來的次數較多。而使我們感到疲累的根本原因，則是導致我們在夜間醒來的原因。例如，患有睡眠呼吸暫停症或患有憂鬱焦慮症的人通常會有較多的夢境。然而，造成他們白天疲累的並非多夢，而是他們本身的身體狀況所導致的。

簡單來說，會記得自己做了很多的夢，睡眠過程有不少時間是睡睡醒醒的。多夢，表示你睡得不太好，即使你有睡滿7～8小時，還是會有疲累的感覺。只要睡眠有改善，自然就比較不會感覺這麼多夢了。所以要改善惡夢連連的第一步，就需要讓自己睡得安穩。

在夜間容易醒來的情況下，惡夢連連可能是由多種因素引起的。除了睡眠中斷的問題外，以下幾個原因也可能導致頻繁的惡夢：

1. 情緒和事件刻畫：患有憂鬱、焦慮或壓力承受能力較低的人容易在白天發生的負面事件後，讓邊緣系統和海馬迴皮質將這些情緒和事件印記下來。這可能導致夜間記憶固化過程中出現令人驚恐的情緒。

2. 飲食因素：攝取過多高油脂或辛辣食物可能影響睡眠品質，進而增加惡夢的可能性。

3. 藥物影響：使用鎮靜劑或飲酒可能增加快速動眼期（REM）睡眠的時間，進而增加做惡夢的機會。

針對上述原因進行調整可以有助於解決惡夢連連的問題。此外，在睡前避免生氣也能幫助改善情況。因為在睡眠過程中，我們的大腦會將白天發生的事件拆解和整理，就像將車子解體成輪子、窗戶、螺絲、椅子、雨刷等部分一樣。白天發生的事件也被拆解成情緒、時間、地點、動作等不同的小元素。在快速動眼期睡眠階段，一些腦區的活動減少（如背外側前額葉皮質和後扣帶迴皮質），而其他腦區則相對活躍（如杏仁核、腹側被蓋區、前扣帶迴、頂葉和旁海馬迴皮質），這可能導致情感明顯的情節片段被選擇性地增強，同時也加強了與情感相關的記憶。

　　腦科學告訴我們，當我們在睡前回想白天發生的不愉快事件時，我們可能會無意識地啟動對自己的可憐感和對他人的責怪，這將進一步加劇我們對白天事件的負面情緒。更糟糕的是，這些情緒將在睡眠期間進行記憶固化，使得那些不舒服的事件在我們的記憶中占據更多負面情緒的片段。夢境的作用是處理白天的情緒，因此經常做惡夢的人通常是因為他們在白天經歷了很大的壓力或恐懼。因此，我們應該將惡夢視為白天情緒事件的處理結果，而不是忽視它。我們需要學習如何處理白天所產生的相關情緒事件。

　　了解到夢境與白天經歷的情緒有著密切的關聯後，我們知道夢境是在整理白天的學習經驗。特別是白天那些對我們印象深刻的事情，以及晚上看的暴力、驚悚的電影或電視節目，都可能導致我們晚上容易做惡夢。如果你希望減少經常做惡夢所

帶來的困擾，可以嘗試以下幾個方法：

1. 睡前減少暴力、驚悚畫面的觀看：避免在睡前觀看刺激或恐怖的影片或電視節目，因為這些畫面會對你的夢境產生影響。

2. 調整飲食習慣：避免攝取高油脂和辛辣的食物，因為這些食物可能影響你的睡眠品質和夢境。

3. 自我反思白天所發生的事情：回顧自己最近的經歷，嘗試解決已存在的生理或心理問題。這有助於釋放內在的壓力和情緒，進而減少夢境中的負面情緒表現。

除了上述方法外，以下是幾個簡單的技巧，可以幫助我們獲得良好的睡眠品質。這些技巧在日常生活中很容易實踐，讓我們能夠更好地照顧自己的睡眠健康。

1. 堅持固定的睡眠時間：每天建立一個固定的睡覺時間表，讓自己的身體和大腦習慣於一個規律的作息時間，這有助於入睡。

2. 避免劇烈運動：在睡前4小時內避免進行中強度以上的有氧運動，以避免影響睡眠質量。

3. 只在疲倦時入睡：僅當感到疲倦時才上床入睡，如果在20分鐘內無法入睡，起床做些無聊的事情，直到再次感到疲倦為止。

4. 建立睡前儀式：在睡覺前進行一個睡前儀式，例如進行肌肉放鬆練習或深呼吸。也可以聽輕柔的音樂或閱讀自

己喜歡的書籍，這些活動有助於放鬆大腦並爲入睡做好準備。

5. 維持床的功能：將床的功能限制在睡覺和性行爲上，避免在床上工作或看電視，這有助於讓大腦將床與休息聯繫起來。

6. 調暗睡眠環境：讓睡眠環境的光線變暗，這可以減少松果體的刺激。松果體在缺乏光線刺激時釋放褪黑激素，促進入睡。

7. 使用精油：在枕頭上滴上適合自己喜好的精油，通過嗅覺的氣味傳遞，促使大腦產生舒適和放鬆的感覺。

8. 避免飲酒：在睡前避免飲用含酒精的飲料，因爲酒精會影響睡眠進入淺眠狀態。

總而言之，良好的睡眠對我們的記憶力、情緒調節和免疫系統都有正面的影響，同時也能提高我們的行爲表現效率。卽使稍微偏離正常睡眠習慣，也可能對我們日後的認知能力產生負面影響。

笑口常開

在佛教中，有一個深具智慧的佛教格言：「和顏悅色施。」這句話傳達了一個重要的訊息，那就是在與他人互動時，以友善和微笑的態度對待他們。這不僅能讓我們自己的心

靈感到平靜，也能讓他人感到慰藉。許多大眾心理學的書籍中也提到了類似的觀念，例如「卽使裝出微笑也會產生相同的效果」或者「無論遇到什麼困難，都要像太陽一樣燦爛地微笑。」這些都是鼓勵自我激勵的話語。此外，我們經常聽說關於坊間心理健康促進笑笑功的功效，卽在強調大笑對身心健康的益處。

那麼，爲什麼微笑這個動作對我們有如此大的影響呢？當我們了解了體現認知的理論後，就會明白，卽使只是簡單地抬起嘴角，這個動作所活化的腦區與真心笑出來時的腦區有著重疊之處。這樣的動作可以減少負面念頭，並賦予我們擺脫憂鬱情緒的力量。相反地，常常面帶不悅的表情會給我們帶來負面的心理狀態和思考模式，使我們失去解決問題的勇氣和能力。

此外，微笑不僅是一種表達愉悅的方式，還對我們的大腦產生積極的影響。它能夠促使大腦釋放出血清素、多巴胺和腦內啡這三種神經傳遞物質，進而帶來一系列的心理和生理效應。

血清素是一種能夠放鬆身心的物質，它有助於穩定情緒和克服壓力。無論是強顏歡笑還是真心微笑，都能刺激血清素的釋放，進而讓我們感到更加放鬆和平靜。

多巴胺是一種與動力、動機和注意力有關的神經傳遞物質。微笑能夠激發大腦釋放多巴胺，使我們的心態變得積極，擁有更多的動力和專注力。

腦內啡是一種讓我們感受幸福和寧靜的物質。除了運動時

產生的生理痛苦能夠促進腦內啡的分泌外，研究還發現，笑的動作本身也能刺激腦內啡的釋放，減輕我們對疼痛的感覺。這意味著，無論是日常生活中保持微笑還是偶爾開懷大笑，都能讓我們的大腦沉浸在血清素、多巴胺和腦內啡的幸福腦化學物質中。即使是刻意的笑容，也能讓我們更有能力抵抗負面情緒和外在壓力。

　　總之，微笑對於我們的身心健康有著重要的影響。它能夠增加腦內啡的分泌，從而減輕疼痛、提升愉悅感和幸福感。微笑還能激活多個腦區域，包括前額葉、扣帶迴和杏仁核等區域，這些區域與情感調節、注意力和記憶等功能有關。這些區域的活化可以進一步促進腦內啡的分泌，帶來緩解疼痛和心理上的愉悅感。此外，笑還能降低壓力激素皮質醇的分泌，進而增加腦內啡的分泌。高水平的皮質醇會抑制腦內啡的釋放，因此透過笑來降低壓力也能夠增加腦內啡的分泌。

因此，在日常生活中，我們可以培養保持微笑的習慣，這對於促進心理健康和身心平衡具有重要意義。無論是面對壓力還是追求快樂，微笑都是一個簡單而有效的工具，能夠讓我們在大腦的化學反應中獲得更多的幸福和愉悅。

積極運動

你是否相信俄羅斯總統普丁曾是柔道冠軍？你知道前美國總統老布在大學時是棒球隊的隊長，你是否對此感到好奇？我們常聽到「頭腦簡單，四肢發達」的說法，但你可能不知道，那些身體強健的人並不簡單。他們在鍛鍊身體的同時，他們的大腦也因運動而經歷了許多改變。那麼，運動到底如何影響我們的大腦呢？

運動不僅能讓身體保持苗條和強壯，更重要的是，最新的科學研究已經證明，運動對大腦的益處遠遠超出對身體的益處。運動可以促進神經細胞的生成和神經細胞之間的連結，進而提高我們的記憶力和學習能力。近年來，腦科學的研究發現了運動對大腦的多方面好處。舉個例子，如果老年人每週保持三天以上、每天步行半小時以上，他們的大腦海馬迴體積將會顯著增加。我們都知道，海馬迴與我們的記憶能力密切相關，而老年人往往會面臨記憶力下降等功能退化問題。

此外，運動還有一個額外的好處，就是它對我們的大腦有著積極的影響。研究表明，運動可以促進血液循環，增加腦部

的血流量，這有助於提高思維的靈活度和效率。或許你有聽說過這樣的故事，當我們感到心情煩悶時，有時候只需要不去想任何事情，直接到戶外快走一段時間或是到操場上跑幾圈。當我們回到家後，常常會感到一種神清氣爽的感覺。

運動之所以能迅速改善情緒，是因為它能提升神經傳導物質的效能，讓我們的腦部神經傳導物質達到更平衡的狀態。在醫學領域，用於改善憂鬱症的藥物通常針對調整多巴胺、血清素和正腎上腺素等三種神經傳導物質。然而，單純地刺激或抑制其中一種神經傳導物質的分泌，並不能產生精確的一對一效果。因為大腦的系統非常複雜，僅依賴調節其中一兩種神經傳導物質的分泌，很難預測在不同人的大腦中會引發何種效應。唯有運動能夠平衡這些神經傳導物質。

臨床上的相關研究指出，對於罹患輕度和中度憂鬱症的患者而言，運動在情緒改善方面的效果與抗憂鬱劑相當，甚至更好。更重要的是，相較於抗憂鬱劑，運動帶來的副作用要少得多。因此，運動被視為一種有效而無副作用的治療方式，對於改善憂鬱症症狀非常有益。

運動不僅能夠平衡多巴胺、血清素和正腎上腺素等神經傳遞物質，還對我們大腦腦內啡的分泌產生影響。舉例來說，當我們開始跑步後的數十分鐘，腦內會釋放訊號，促使腦下垂體分泌腦內啡，減輕我們的生理疼痛感，同時讓我們的大腦處於一種興奮的狀態，就像是給大腦注入了強心劑。這時，多巴胺的釋放會使大腦記住這種渴望感。因此，多巴胺被稱為期待

的腦內分泌物，因為它讓我們期待下一次跑步的到來。最後，血清素的釋放有助於穩定高漲的情緒。當大腦中的血清素增加時，我們會感到更具掌控感。除了陽光照射和飲食攝取，有節奏的運動（如散步、慢跑、騎自行車、游泳等）能夠更有效地促進血清素的合成。此外，在靜坐和冥想期間，緩慢而有節奏的腹部呼吸也是一種非常有效的節奏運動。你可能在觀賞美國大聯盟棒球賽時注意到，球員在練習或比賽時經常嚼口香糖。嚼口香糖也可以被視為一種有節奏的動作，通過咀嚼，大腦能夠釋放血清素，達到緩解壓力並放鬆心情的效果。

運動是一種有效增加腦內啡分泌的方法。當我們運動時，身體會釋放出類似嗎啡的化學物質，稱為腦內啡，這些化學物質對止痛和愉悅感起到重要作用。運動刺激了肌肉和神經系統，透過發送信號，啟動了腦區，進一步促進了腦內啡的釋放。在運動過程中，我們的感知器會被刺激，這些感知器向脊髓和大腦發送信號，觸發腦內啡的釋放。腦內啡作用於神經細胞上的鴉片類受體，減輕疼痛感，同時產生愉悅感和放鬆感。

不同形式的運動，如跑步、登山、打太極拳等，都有機會促使大腦分泌腦內啡。如果你經常運動，那麼你一定對於所謂的「跑步者的愉悅感（runner's high）」並不陌生。運動過程中，你的身體可能會感到酸痛和麻痺等不適，但由於腦內啡的作用，你的大腦會激發你超越極限的渴望，並使你在接下來的日子中無法抗拒運動的渴望。喜愛登山的人也是另一個很好的例子。腦內啡的釋放並不容易，通常需要付出汗水和努力。這

也告訴我們，幸福和快樂需要我們努力付出。

從腦神經科學的角度來看，快樂和痛苦在大腦中的神經迴路有許多相似之處（Leknes & Tracey, 2008）。當人們經歷疼痛時，與快樂相關的區域也會同時被激活。這或許能解釋爲什麼一些人在運動時能夠感到愉悅。

另外，運動也可以提升細胞內粒線體的能量產生，這意味著我們的大腦可以更有效地運作。同時，運動還可以增加大腦的血流量，進而爲大腦提供更多豐富的葡萄糖作爲能量來源。這進一步促進了大腦前額葉皮質的活化，從而改善了我們的抽象思考能力和執行高階認知功能的能力。

運動還可以促使大腦產生腦源性神經營養因子，同時提供神經細胞再生的機會。腦源性神經營養因子可以增強神經突觸的可塑性，使神經細胞之間的連接更加緊密。這樣一來，大腦的運作效率也會提高。研究顯示，運動可以促進海馬迴區域的神經細胞再生，新生的神經細胞將融入大腦的神經網絡，增強大腦的整體功能。此外，運動還能延長端粒酶的長度，有助於保持細胞的分裂能力，減緩衰老和相關疾病的發生。

在探討運動對情緒的影響時，有很多關於運動時間和強度的問題仍未明確定論。根據研究顯示，只需進行10分鐘的有氧運動就可以有效改善情緒，但持續進行約30分鐘以上的運動往往能夠最快地改善情緒狀態。最佳情況下，建議每週進行5天、每天30分鐘的中等強度有氧運動。

那麼，什麼樣的運動才算是中等強度的有氧運動呢？首

先，讓我們先了解一下無氧運動的概念。無氧運動是指身體使用「無氧代謝」來產生能量的一種運動形式。這種運動通常時間較短、強度較高，心跳在短時間內能達到最大心跳速率。在無氧運動期間，我們可能無法順暢呼吸或與他人交談，通常持續時間在1-2分鐘之內。無氧運動容易對組織纖維造成損傷，因此有助於促進肌肉生長和增加肌肉量。此外，由於無氧代謝的過程中產生乳酸，因此運動後常常會感到肌肉酸痛。

相對於無氧運動，有氧運動是一種需要「有氧代謝」來產生能量的運動形式。那麼，如何達到中等強度的有氧運動呢？在醫學領域中有一個公式可供參考，即將220減去你的年齡，這個數字代表你運動時的最大心跳率。低強度運動意味著你的心跳在運動期間能達到最大心跳率的55%-65%；中強度運動意味著你的心跳在運動期間能達到最大心跳率的65%-75%；高強度運動則是指你的心跳在運動期間能達到最大心跳率的75%-90%。

運動強度量表

運動強度	最大心率	自我感覺	具體描述
低等強度	小於 50%	輕鬆	講話幾乎沒什麼受到影響
中等強度	50%～69%	有點吃力	大喘氣才能講一兩句話，且費力
高等強度	大於 70%	相當吃力	很喘，只能用簡單字句回應問題

如何才能在運動中，能夠了解自己的運動已達到中強度？運動時，若你佩戴著運動手環，就能輕鬆地監測心跳頻率。然而，大多數情況下，我們無法即時測量心跳。這時，我們可以使用一些簡單的方法來判斷自己是否達到中強度運動。以下是幾個指標，讓你能夠快速判斷運動強度的層級：

1. 步行和健走：平常的步行和健走通常屬於低強度運動，並不會使你感到太吃力。你可以保持正常的步伐，輕鬆地行走一段時間，這樣的運動強度是較低的。
2. 慢跑：如果你能以較快的速度進行輕度慢跑，並感到有一定的呼吸和心跳加速，這就是中強度的運動。你可以試著保持一定的節奏，但同時仍能保持較輕鬆的感覺。
3. 快速跑步：當你以相對高的速度進行持續快速跑步，並感到心跳明顯加速、呼吸加深，這就是高強度的運動。在這種運動中，你可能需要更多的努力來保持節奏，並且感到身體的挑戰。

　　另外，在運動後，你可以花一些時間感受自己的身體狀況，這可以幫助你判斷是否達到了中等強度的運動。閩南語中有一句俗語「會呼雞袂歕火矣」，可以用來簡單評估。這句話的意思是「只能發出呼叫雞的聲音，無法用力吹熄燈火」，換句話說，當你運動完後，也許你還能說上一兩句話，但無法連續講很長的句子。簡而言之，持續一段時間的運動後，你會感

到喘氣，但不至於喘得說不出話來。如果你運動後有「會呼雞袂歔火矣」的感覺，那就表示你的運動強度達到了中等程度！

總結一下，如果你想塑造健美的身型，你需要進行無氧運動，最好還要補充一些蛋白質。如果你想達到身心健康並增強壓力應對能力，則需要有節奏的有氧運動，最好是中高強度的運動。如果你想讓自己的注意力再次集中，只需花五分鐘在戶外散步即可，最好能回到綠色植物環繞的大自然中，呼吸新鮮的空氣。這五分鐘的綠色運動無需大量出汗，只需輕鬆散步即可，這是一種低強度的運動。

建立良好的人際關係

透過神經科學與心理學的知識，來實踐日常生活中的自我照顧，其中一個方法是透過溫暖和安全的觸摸來使我們的神經系統恢復平靜。這樣的觸摸可以啟動大腦釋放催產激素，讓我們感受到信任和安全，舒緩緊繃的神經。當壓力來臨時，只需要找一個人來擁抱，就能讓杏仁核降低其活躍程度，讓我們感受到放鬆和平靜。而更好的是，不必等到壓力發生時才去找人擁抱，我們可以每天培養與他人的親密接觸，這樣少量但頻繁的催產激素釋放，能夠使我們的神經系統更穩定，讓我們能夠更輕鬆地投入日常生活。

此外，與家人和朋友有身體接觸（例如手牽手、擁抱）以及從事利他的行為（例如捐款給慈善機構），也能讓我們的大

腦感受到與他人的連結，進而釋放催產激素。特別是在我們罹患心理疾病時，即使是簡單地獲得社會支持或參與社交活動，都有機會促使大腦釋放更多的催產激素。這種催產激素的釋放可以降低壓力，減少皮質醇的產生，進而改善我們的身心健康狀況。

在當我們無法找到合適的人來擁抱時，也可以考慮與寵物進行擁抱。特別是與毛茸茸的動物（如狗或貓）互動，這樣的接觸可以促使我們的大腦釋放腦內啡和催產激素，同時還可以降低壓力荷爾蒙的分泌，進而增強我們的免疫力。

社交梳理是人類社會性動物的一種行為，而腦神經科學的研究也發現，身體的觸碰可以促使血清素的釋放。因此，定期參加社交活動或與寵物互動，透過增加血清素的分泌，我們能夠減輕來自生活中的壓力（Holt-Lunstad, Birmingham, & Jones, 2008)。

在你沒有合適的人可以抱抱時，蝴蝶抱（butterfly hug）是一種替代方法，能夠幫助你舒緩情緒。這是一個簡單的技巧，讓我們來看看如何實際操作。

首先，讓你的腦海中浮現出你想要消除或釋放的不舒服或痛苦的經驗。讓這個畫面在你腦中停留一小段時間，不要害怕它，只需讓它自然浮現。

接下來，將你的雙臂或雙手呈現類似蝴蝶展翅的形狀。你可以將手掌放在肩膀上或胸口，以輕輕的節奏拍打這個區域。你可以根據自己的節奏和感覺來進行，不需要太用力，只需輕

柔地觸碰皮膚。

在進行幾分鐘的蝴蝶抱後，輕輕地做幾次深呼吸。這有助於讓你的身心平靜下來，讓內在的平衡得到恢復。蝴蝶抱的原理是通過輕輕的觸碰和節奏感的運動，刺激身體和大腦中與情緒調節相關的神經通路。這種觸碰和節奏的組合可以幫助你轉移注意力，並帶來安撫和舒緩的感覺。使用蝴蝶抱的技巧時，請注意保持呼吸的流暢和輕鬆。每個人的需求和喜好可能不同，所以你可以根據自己的感覺來調整蝴蝶抱的力度和速度。

蝴蝶抱是一個簡單而有效的自我照顧工具，可以在你感到壓力、焦慮或情緒不穩時提供幫助。這個技巧可以隨時隨地使用，讓你更容易平靜自己的情緒，並獲得心理上的放鬆和平衡。

蝴蝶抱
butterfly hug

在建立良好人際關係的過程中，感恩的力量不可忽視。神經科學的研究顯示，接受感恩介入的人在樂觀、幸福感和社交支持等方面都有顯著提升，同時對負面情緒的影響也有所減緩（Killen & Macaskill, 2015)。因此，學會感恩可以成為我們自我照顧和諮商輔導的實踐中一個重要的元素。

從神經心理學的角度來看，我們深入了解到感恩的力量。當我們心存感恩或感激時，大腦中的感恩迴路就會啟動，其中包括前扣帶迴和內側前額葉皮質。這兩個區域在感恩過程中扮演著關鍵的角色。

前扣帶迴是一個負責調節思考、情感和行為的重要區域。當我們感到感激時，前扣帶迴就會被激活，進而影響我們對自己的經驗產生更積極的態度，提升對生活的滿足感。另一個重要的區域是內側前額葉皮質，它通常被視為情感調節中心。當我們感到感激時，內側前額葉皮質也會被啟動，幫助我們調節情緒和情感反應，使我們更容易經歷正面的情感體驗。

此外，感恩迴路的啟動還會促使大腦分泌血清素，這是一種重要的神經傳遞物質，有助於減少焦慮和恐懼，提升動機和行動力。此外，感恩的行為還可以降低與疾病相關的炎症因子，如TNF-α和Interleukin-6等。

透過感恩介入，我們可以培養感恩或感激的心態，並藉此改善我們的心理健康狀態，增加幸福感和生活品質。以下是一些實踐感恩的方法：

1. 日常寫感恩日記：每天花一些時間，寫下你所感激的事

物和人，並思考這些事物對你的生活帶來的正面影響。這個簡單的習慣可以幫助你保持對生活中美好事物的關注，並增加感恩的意識。

2. 感恩的表達：向那些對你有幫助、給予支持或給予關愛的人表達感謝之情。這可以是一個口頭的感謝，也可以是一封感謝信或一個小禮物。透過表達感恩，不僅可以讓對方感到受到重視和肯定，同時也能夠加強你們之間的關係。

3. 感恩冥想：找一個安靜的環境，閉上眼睛，專注於你所感激的事物。讓感恩之情充滿你的心靈，感受其中的喜悅和平靜。這種瞑想可以幫助你培養感恩的心態，同時也有助於紓解壓力和焦慮。

4. 共享感恩：與他人分享你的感恩經歷和感受。可以是在家人、朋友或支持群體中分享，也可以是在社交媒體上發表感恩的帖子。通過與他人分享，不僅可以增加你的幸福感，同時也可以啟發和鼓勵他人尋找和體驗感恩之情。

感恩的實踐可以成為我們自我照顧有力工具，它可以提醒我們關注生活中的美好，加強人際關係，並促進心理健康和幸福感的提升。因此，在我們的日常生活中，讓感恩成為一種習慣，與神經科學的知識結合，將帶給我們更豐盛和有意義的生活。

優質壓力的管理策略

在面對壓力時，我們常常會感到警覺增加並傾向於負面思考。這種反應是正常的，並非我們的錯誤。然而，我們有責任學習如何平靜自己內心的煩亂和不安情緒，並調整負面思維的波濤。

從神經科學的角度來看，我們知道神經系統是持續調整和變化的。通過經驗和壓力的刺激，我們可以使神經系統變得更加強大和具有彈性，實現反脆弱的狀態。換句話說，反脆弱不僅是應對壓力和挑戰的能力，還包括持續成長和進步的能力。研究表明，海馬迴和額葉皮質是與反脆弱表現相關的大腦區域。海馬迴在壓力處理中扮演重要角色，而額葉皮質可能涉及決策和行為控制。這意味著，通過訓練這些相關腦區的腦肌力，我們可以促進神經系統的反脆弱能力。

那麼，如何培養抗壓力的強健腦肌力呢？接下來，我將介紹兩種我常用的優質壓力應對策略：一是學者葛羅斯提出的情緒調節五策略，另一種是我自己提出的優質壓力因應四步驟。透過這些策略，我們可以學會有效地應對壓力，提升自我照顧和諮商輔導的效果，以及心理治療的成效。

情緒調節五策略

葛羅斯（Gross）提供了我們情緒管理可以運用的幾個重

要元素，包括有情境選擇、情境修飾、注意力重新部署、認知改變、反應調節。這些元素可以互相結合和運用，幫助我們更好地管理情緒和應對壓力。通過覺察和實踐這些技巧，我們能夠培養情緒調節和心理彈性的能力，提升生活品質和心理健康（Gross, 2015）。

情境選擇

在我們的日常生活中，情境選擇是一種重要的情緒管理策略，它能夠主動地選擇我們所處的情境，從而影響我們的情緒狀態。不同的情境會引發不同的情緒體驗。舉例來說，當我們漫步在森林中時，我們可能感受到寧靜和平靜；進入教堂時，我們會感到平靜和祥和；進入圖書館時，我們的心境自然而然地轉向閱讀和學習。通過主動選擇特定的情境，我們可以刺激大腦產生特定的情緒體驗。

如果我們希望體驗特定的情緒，我們可以選擇相關的情境來激發它們。同樣地，如果我們希望避免不希望的情緒，我們可以主動避開可能引發這些情緒的情境。舉例來說，當我們感到煩躁時，可以選擇走一條相對安靜的路回家，以避免情緒再次被激發。

從腦神經科學的角度來看，前額葉皮質在情境選擇中扮演著重要角色。它參與了對情境的認知和評估，並產生相應的情緒反應。要有效地進行情境選擇，讓自己避免走向會引發不良情緒的方向，我們需要在行動前先預測可能的結果。大腦的內

側前額葉皮質主要負責行為結果的判斷、預測結果的判斷，以及思考自己的想法。透過鍛鍊這個腦區，我們可以培養更準確的結果預測能力。此外，情境的選擇也需要考慮前扣帶迴，因為前扣帶迴負責我們選擇注意力的功能。通過鍛鍊前扣帶迴，我們可以更好地選擇或避開不必要的壓力情境。

然而，情境選擇並非每次都能如我們預期地影響我們的情緒感受。這是因為我們的大腦並不總是準確地預測情境與相應情緒之間的關聯。舉例來說，當我們處於失戀的痛苦中，可能希望透過選擇讓自己開心一點的情境，比如約朋友出去聚會。可是，有時候朋友的談話內容可能反而會勾起我們更多的悲傷情緒。這是因為杏仁核在情緒處理和情緒記憶中也起著重要的作用。杏仁核接收來自感官系統的情緒相關信息，並與前額葉皮質等區域進行互動，以生成情緒反應。在情境選擇過程中，杏仁核的活動可以影響我們對不同情境的情緒反應。

在我們的日常生活中，運用情境選擇策略可以幫助我們更好地管理情緒。通過精心挑選和避開情境，我們可以主動引導自己進入有益的情緒狀態，從而促進心理健康和福祉。

總之，情境選擇作為一種情緒調節的重要策略，與腦神經科學密切相關。了解大腦中相關區域的功能和互動有助於我們更好地理解情境選擇策略在情緒管理中的作用和效果。

情境修飾

情緒管理中，改變所處情境也是一項重要的策略。雖然我

們無法完全控制或選擇所面臨的情境，但我們可以透過調整自己的行為來調節情緒。舉例來說，當在工作中遇到令人生氣的同事時，我們可以透過改變與他的互動方式，例如保持距離或調整對話角度，來達到我們期望的情緒狀態。這種方式就像是你自己行為的導演，透過改變當下情境的劇本，來調整我們的情緒。

在我之前的著作《當心理學遇到腦科學（一）：大腦如何感知這個世界》中，我們瞭解到人的認知是基於身體與環境的相互作用來解釋這個世界的。生理的體驗和心理的狀態之間存在著緊密聯繫，這就是所謂的體現認知。我們的大腦並非唯一能決定我們認知的器官，身體各種感覺也會參與認知決策的過程。透過調整事件發生時的情境，我們對壓力的認知也會有所不同。

總結而言，情境的調整是情緒管理的重要策略之一。藉由改變當下情境的劇本，我們能夠調節自己的情緒感受，從而提升自我照顧的效果。理解情境對情緒的影響以及加強相應腦區的功能，將神經心理學知識應用於實際生活中，可以幫助我們更好地應對壓力和情緒困擾，提升生活品質和心理健康。

注意力重新部署

第三個情緒管理的策略是將情境的注意力做重新部署。當我們發現自己對某個情境產生負面情緒反應，並且這並不是我們預期的反應時，我們可以通過重新部署注意力，將負面情緒

的影響降到最低。舉例來說，當父母面對正在叛逆期的青少年時，如果過度關注孩子不當的行為舉止，這會導致父母情緒惡化。在這種情況下，父母可以轉移注意力，關注孩子的正面行為和舉止，避免過度專注於不當行為，這有助於緩解親子溝通中常見的緊張狀態。

這裡有一些方法可以鍛鍊大腦前扣帶迴的功能，來實踐注意力的重新部署。首先，嘗試將注意力轉移到情境中較為正面的方面，尋找一些好的層面或可能的解決方案。這樣做可以幫助我們改變對情境的看法，降低負面情緒的影響。

此外，我們也可以將注意力轉移到與壓力情境不相關的主題上。找一個能夠讓我們分散注意力的話題或活動，例如閱讀一本喜愛的書籍、聽音樂、嘗試冥想或進行一些興趣愛好的活動。這樣做有助於暫時擺脫壓力情境的影響，讓我們的思緒得到放鬆。

總之，注意力的重新部署是一種有效的情緒管理策略，可以幫助我們在面對壓力和負面情緒時保持冷靜和平衡。透過鍛鍊大腦前扣帶迴的功能，將注意力轉移到情境的正面方面或其他不相關的主題上，我們可以減少壓力情境對我們的影響，增加情緒的穩定性和心理的舒適感。

認知改變

情緒管理的第四個策略是重新評估情境認知。這策略涉及調整和改變我們對情緒刺激的認知評估和解釋方式。舉個例

子，當我們感到焦慮時，我們的心跳會加快，呼吸也變得急促。如果我們把這些生理變化解釋為我們快要失控了，接下來我們可能會陷入無法應對的壓力中。然而，如果我們能把這些生理變化解釋為大腦正在調動相關資源，以應對當下的情境，那麼壓力失控的情況就不太容易發生了。

這個策略的核心在於改變我們對世界的看法，特別是訓練我們的前額葉皮質，尤其是內側前額葉皮質。事實上，事情的好壞往往只是取決於我們的認知角度。透過重新框架和重新詮釋事件的意義，我們可以改變內側前額葉皮質的神經迴路，進而修正與自己相關的情緒表達，這有助於改變壓力情境對我們的影響。

因此，當我們遇到一個挑戰或壓力情境時，我們可以將其視為一個成長的機會，而不是一個威脅。這種重新詮釋情境的方式會改變我們的情緒反應，從而減輕焦慮和壓力的感受。通過實踐重新評估情境認知的技巧，我們能夠培養出更積極、靈活和有彈性的情緒調節能力。

反應調節

當我們面臨壓力情境時，情緒的爆發似乎是無法避免的。但是，我們可以運用反應調節這一情緒管理策略，來降低情緒對我們的影響。這是葛羅斯提出的第五個情緒管理策略，尤其在情緒發生後的階段發揮著重要作用。

反應調節的目的在於更有效地應對壓力情境引發的情緒反

應。我們可以採取各種方式來調節和降低情緒的影響，其中一些方法是身體上的。舉例來說，按摩可以放鬆身心，而運動則有助於釋放壓力。此外，藥物的使用也能幫助我們調節情緒，像是一些有助於情緒穩定的藥物。

從腦神經科學的角度來看，按摩可以減少壓力荷爾蒙皮質醇的分泌，同時增加催產激素、多巴胺和血清素的釋放。關於運動與腦神經科學的關係，可以參考本書之前章節「腦科學於自我照顧的臨床運用」中的相關內容。

需要注意的是，反應調節是一個個人差異很大的過程，每個人可能會有不同的方法和策略來調節情緒反應。重要的是找到適合自己的方法，而這需要一個試驗和錯誤的過程。透過不斷的實踐和自我觀察，我們可以了解哪些方法對於我們有效，並在需要時運用它們。

反應調節不僅僅是在壓力情境下進行情緒管理，也可以成為日常生活中自我照顧和情緒調整的一部分。透過學習和應用反應調節策略，我們可以更好地管理和調節自己的情緒，提高心理健康和生活品質。

總的來說，葛羅斯所提出的五種情緒調節策略，可以根據個人的需求和情境進行選擇和應用。它們提供了一個框架，幫助人們更好地管理和調節他們的情緒，提高情緒健康和福祉。

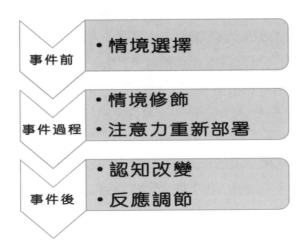

情緒調節五策略

事件前	• 情境選擇
事件過程	• 情境修飾 • 注意力重新部署
事件後	• 認知改變 • 反應調節

壓力因應四步驟

　　煩惱常源於人際關係，但逃避不是解決之道。無法避免的是，人際關係存在於我們的生活中。心理學家阿德勒曾言：「所有煩惱皆來自人際關係。」這證實了我們是社會化的生物，天生具備處理複雜人際互動的能力。因此，妥善應對壓力的關鍵在於有效處理日常生活中的人際關係。

　　大腦中的多個區域與壓力和情緒調節密切相關，其中眶前額葉皮質、腹內側前額葉皮質、背外側前額葉皮質、前扣帶迴和杏仁核之間的聯繫更加緊密。杏仁核的活化程度越高，情緒反應就越強烈。而前額葉皮質和前扣帶迴則在調控杏仁核活性

方面發揮重要作用。

通常情況下，杏仁核的警示信號持續十多分鐘，對應的內分泌反應可持續數小時。在應對壓力時，首先需要降低邊緣系統的活化，減少皮質類固醇的分泌。接著，我們需思考如何恢復前額葉的功能，讓其重新獲得控制權。

基於大腦壓力因應的神經迴路，以及在自我照顧和諮商實踐中應考慮的三個原則（視覺化、簡單化、步驟化），我提出了壓力因應的四個步驟：停止自己失控的情緒、看看這是誰的問題、聽懂焦慮的來源、走出健康的腦迴路。下面，我們將一一介紹和說明這四個步驟的理論基礎和實際應用。

第一步：停止自己失控的情緒

當情緒湧上心頭時，我們常常陷入一種無法理性思考的狀態，容易做出令人後悔的決定。這是因為情緒的產生比我們的邏輯思考快上許多倍，讓我們無法及時反應。這就像是一個監牢中的囚犯，他們並不全都是極惡的壞人，很多人只是沒有學會如何在面對壓力時平息情緒激素的方法而已。

人類是理性的動物還是情緒的動物？以神經科學的觀點來看，我們在日常生活中的許多反應實際上更像是情緒動物的反應，只是我們通常沒有意識到而已。儘管我們相信自己擁有自由意志，但實際上，我們的大腦經常會為杏仁核的反應找到理由，以說服自己執行相應的行動。

杏仁核是負責情緒反應的中樞，尤其在面對生存危機時

扮演重要角色。與我們的遠古祖先在草原上生活不同，現代人大部分情況下不再面臨生死存亡的考驗。然而，當杏仁核被激活時，我們很容易過度敏感，做出錯誤的判斷。換句話說，杏仁核的設計雖然適用於生存，卻在日常生活中帶來負面影響。當我們無法平靜情緒時，這意味著我們的大腦正受到杏仁核的控制。因此，當我們感到極度憤怒時，首要的事情是提醒自己「不要讓杏仁核控制大腦」。

在杏仁核控制下最令人擔憂的情況之一是無明的憤怒爆發。舉個例子來說，讓我們回顧一下2022年奧斯卡頒獎典禮，當時影星威爾史密斯對主持人克里斯洛克對他妻子潔達蘋姬史密斯的玩笑感到不悅。克里斯洛克以戲謔的口吻提到她可以演出《魔鬼女大兵》這部電影，但這一舉動激怒了榮獲首座奧斯卡影帝的威爾史密斯，他衝上台並給了克里斯洛克一巴掌。

在這個情境中，威爾史密斯還沒有機會讓負責理智和邏輯思考的前額葉發揮作用，他的杏仁核在短短幾十毫秒內就已經發出訊號，控制並主導了他的大腦。接下來的情節就是杏仁核讓他立即聯想到過去受辱的痛苦感受。雖然威爾史密斯可能無法清楚回憶起相關細節，但他的杏仁核已將這段記憶編碼成一串敏感的神經細胞儲存下來。當主持人以戲謔的方式嘲笑他的妻子時，杏仁核的神經細胞被激活，發出危險訊號，促使威爾史密斯做出「戰鬥或逃跑」的反應。之後，威爾史密斯為自己暴怒的行為做出合理化，他在台上流淚說：「理查威廉斯（他在《王者理查》中的角色）會為了家人而戰。作為一位藝人，

我經常受到批評和嘲諷，但我也會保護我的家人。」他還表示：「愛會驅使人們做出許多瘋狂的事情。」

情緒會阻斷腦中負責邏輯思考的區域，引發本能的反應行為。然而，這並不意味著我們對情緒束手無策。當我們感到壓力時，如果能在行動之前停頓幾秒鐘，就有機會重新啟動理性思考，讓理性腦重新獲得主導權。尤其重要的是重新激活背外側前額葉皮質，讓邏輯思考得以重新分析，使感性衝動的不適當情緒反應有機會轉化為理性思考下的合理回應。

因此，當你發現自己被大腦中的杏仁核所支配時，除了勇敢地尋求專業人士的幫助外，你也可以運用一些方法讓杏仁核冷靜下來。實踐這些方法可以幫助你在情緒失控時重啟理智思考。以下是一些已被研究證明有效的方法，供你參考：

學習深呼吸是一種有效緩解壓力的入門方式，而呼吸則是我們生命中不可或缺的活動。深呼吸作為一種隨時可以運用的工具，能夠幫助我們紓解壓力、獲得心靈平靜，並感受到自我存在的美好。

從腦神經科學的角度來看，腦幹掌控著我們的呼吸，而深呼吸下的腦幹可以減緩杏仁核的激活。當杏仁核不再向大腦的高層皮質腦區（如內側前額葉、背外側前額葉和扣帶迴等）傳遞焦慮訊號時，我們有機會繞過邊緣系統，重新掌握自我，並有效應對壓力。

那麼，如何進行有效的深呼吸呢？腹式呼吸是一個不錯的選擇。腹式呼吸著重於橫膈膜的運動，通過使橫膈膜下降，胸

腔擴大，使空氣進入更深處的肺部。當橫膈膜下降時，上腹部也隨之膨脹。相反，在呼氣時，橫膈膜上升，協助排出氣體，同時上腹部內縮。通常，進行呼吸練習可以幫助我們有效地掌握橫膈膜的運動。

　　首先，找一個舒適的姿勢，可以是躺下或坐著，也可以閉上眼睛，讓自己感到放鬆。開始時，用鼻子輕輕吸氣，不需改變原有的呼吸節奏，只是專注感受氣體在鼻子進出的感覺。想像有一根管子從鼻子通往腹部，將腹部想像成一個氣球。隨著吸氣，感受氣體經由管子進入腹部的氣球，慢慢充滿起來。然後，稍微噘起嘴唇，緩慢地將氣體從口中呼出。

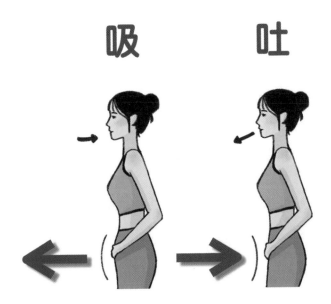

當我們進行腹式呼吸練習時，可以運用一個小技巧來幫助集中注意力在呼吸過程中，特別是專注在呼氣。這個技巧有助於更有效地學習深呼吸。當你呼氣到最後時，嘗試暫停3到4秒鐘，然後再進行下一次呼吸循環。你可以重複這些步驟數次。在執行過程中，如果你的注意力不自覺地轉移到其他事物上，輕輕地提醒自己「將注意力拉回呼吸」即可。

　　相較於胸式呼吸，腹式呼吸能更有效地實現深呼吸的效果。經常進行腹式呼吸有助於穩定自律神經，減輕過多的壓力。自律神經系統分為交感神經系統和副交感神經系統，它們調節著我們的生理狀態，包括心率、呼吸、血壓等。透過深而慢的腹式呼吸，我們可以刺激副交感神經系統，促進身體的放鬆反應，降低交感神經系統的活動，進而減少壓力和焦慮。

　　此外，腹式呼吸與神經傳遞物質之間存在關聯。有節奏性的腹式呼吸可以刺激大腦釋放血清素，一種與情緒穩定相關的神經傳遞物質。深呼吸同樣也能增加大腦釋放腦內啡，這種內在的愉悅感會讓人感受到情緒的高峰狀態。另外，當我們進行深且慢的腹式呼吸時，體內釋放出更多的γ-氨基丁酸（GABA），這是一種神經傳遞物質，具有鎮靜和放鬆效果。GABA的釋放可以減少大腦中杏仁核的活動，這個區域與情緒反應和焦慮相關。

　　除了腹式呼吸，還有其他方法可以運用於自我照顧和諮商輔導中。例如，韓瑞克森和傑克遜提出的肌肉放鬆術可以用來對抗杏仁核被激活時大量釋放壓力荷爾蒙的影響。此外，輕輕

抬起舌頭並將其抵住上顎也是一個小技巧，可以幫助我們迅速降低情緒波動。

我們還可以使用一種心理學技巧叫做著陸（grounding），來幫助我們與當下的經驗建立聯繫，並使大腦、身體和現實世界之間建立健康而真實的聯繫。在這本書中，我們將介紹兩種著陸的小技巧，分別是感覺覺察和認知覺察。

從腦神經科學的角度來看，感覺覺察可以訓練大腦中負責處理感官訊息的區域，而認知覺察則可以訓練大腦中負責思考和注意力的區域。在我之前的著作《當心理學遇到腦科學（一）：大腦如何感知這個世界》中，我們已經了解到負面的反芻思考與大腦的預設模式網路過度活躍有關。那些習慣用反芻思考來處理情緒的人，往往會自動將當下的狀態與過去的負面事件聯繫在一起。這種日復一日的反芻思考，會強化並延伸現在狀態與過去負面事件之間的聯繫，進而產生負面情緒不斷循環的連鎖反應。

然而，透過感覺覺察和認知覺察的練習，我們可以重新啟動大腦的中央執行網路，有助於減少預設模式網路過度活躍所導致的反芻思考迴路。這些練習將幫助我們更加敏銳地察覺當下的感覺和感官訊息，並更加靈活地處理思考和注意力。透過建立與現實世界的連結，我們能夠降低過去負面事件對當下情緒的影響，從而實現自我照顧和諮商輔導的目標。

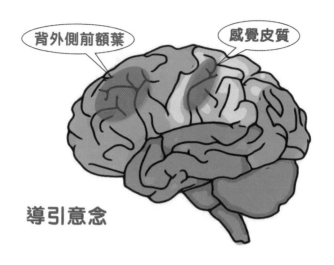

背外側前額葉　　感覺皮質

導引意念

　　讓我們先來談談感覺覺察這一技巧，其中一種我常用的方法是「感覺543」。這種方法可以幫助我們更加專注於當下的感受和環境。首先，我們要細心觀察周圍的環境，包括房間內的細節，像是窗簾的顏色或環境中的聲音。然後，閉上眼睛，讓大腦專注，不受其他視覺刺激的干擾。

　　閉上眼睛後，試著想像房間裡的物品，觀察它們的大小、顏色、形狀等特徵。每觀察完一個物品，再轉移到下一個，專注觀察物品的物理特性。如果腦海中出現對物品的評價或想法，輕輕地提醒自己回到觀察物品的物理特性上。依此類推，觀察房間中的五個物品。

　　觀察完五個物品後，做幾次深呼吸，然後專注聽周圍的聲音。純粹地觀察聲音的音量、音調和其他聲音特徵。同樣地，

如果腦海中出現對聲音的評價或想法，提醒自己回到聆聽聲音的物理特性上。依此類推，聆聽四種不同的聲音。

聆聽完四種聲音後，再做幾次深呼吸，專注感受身體和周圍的接觸感。可以感受腳底與地板接觸的感覺，皮膚與衣物之間的觸感，或者背部與椅子的接觸感。選擇一種接觸感覺，專注感受觸感的柔軟度、溫度等物理特性。同樣地，如果腦海中出現對觸感的評價或想法，提醒自己回到感受觸感的物理特性上。依此類推，感受三種不同的觸感。

接下來，讓我們談談認知覺察的技巧。以下是幾種認知覺察的方法，你可以試試看。例如，思考當下的時間、年分、地點，以及你的年齡等問題；想像一下你理想的日常工作是什麼，盡可能詳細地描繪出來；進行一些數學運算，如心算從100減3，然後繼續減下去；進行圖片記憶遊戲，觀察一張圖片約10秒鐘，然後將圖片翻過來，再閉上眼睛，在腦海中盡可能地回想出翻轉後的圖像，試著列出圖片中的所有內容。

這些著陸的技巧可以幫助我們保持當下的專注，與周圍的世界建立更緊密的聯繫，這對於自我照顧和諮商輔導非常有益。通過運用這些技巧，我們能夠提高自我覺察和情緒管理的能力，以促進心理健康和整體幸福感。

最後，分享一個簡單而有效的方法，即「把事情寫下來」，這對於控制情緒失控非常有幫助。你可以嘗試一下。在我之前的著作《當心理學遇上腦科學（一）：大腦如何感知世界？》中，我們提到了語音循環的概念。語音循環在人類的演

化歷程中扮演了重要角色，尤其是在還沒有筆和紙的時代。這個功能使我們能夠有效地記憶需要記住的事物。然而，如果這個功能過於活躍，就會帶來一些困擾。

舉個例子，如果我們一直心裡惦記著某件事情，我們的大腦就像一個陷入循環的迴圈，不斷地反覆思考著這件事情。這種無法自控的反芻往往會導致神經繃緊，使壓力達到難以承受的程度。然而，我們可以把心中所牽掛和需要處理的事情寫下來，這樣就能放鬆我們的神經迴路，使我們的大腦釋放出其他能量來處理其他重要事務。

換句話說，只要簡單地把需要處理的事情寫下來，你的大腦就能省下那些用於不斷思考可能會忘記的事情的能量，這樣你的大腦就能更少感到焦慮。這樣的方法可以幫助你釋放大腦的負擔，讓你能夠更專注地處理其他重要事務。

第二步：看看這是誰的問題

人際關係的糾結常常成為我們困擾的根源。然而，我們並不需要把他人的問題當作自己的負擔。每個人的言行都受到他們內在的前額葉皮質所影響，這是他們自己的事情。如果我們因為我們自己的腦部運作而將他人的問題視為自己的問題，那麼這實際上是我們自己的問題，而不是他人的問題。他人如何對待我們取決於他們自身的情境，而非我們的。一旦我們明白這一關鍵點，就能夠減輕外界或內在的負面消極情緒對我們的影響。

因此，在與他人互動時，當出現衝突時，我們應該首先問自己「這個人際衝突是誰的問題？」如果這個衝突主要與我們自身的問題有關，我們應該讓自己不受他人觀點的干擾。我們需要學會自我探索問題，同時也要有勇氣允許自己在某種程度能接受被他人所討厭。如果這個衝突主要與對方的問題有關，我們應該避免過度干涉對方。我們需要學習如何建立平等的關係，並運用同理心與對方互動。如果這個衝突涉及雙方的問題，我們應該學會放下爭辯，學習運用團隊合作的精神，創造雙贏的機會。這種概念的描述，正是阿德勒個體心理學所謂的課題分離。

　　培養以旁觀者角度觀察自己與他人之間人際問題的能力，需要訓練我們顧頂交界區的腦力。在臨床實踐中，釐清誰該對事件的最終結果負責，有助於我們判斷「這是誰的問題」。通過這種分析，我們能夠更清晰地了解自我與他人之間的互動，並有助於我們在日常生活的自我照顧、諮商輔導和心理治療中運用神經科學與心理學的結合。

第三步：聽懂焦慮的來源

　　焦慮是一個相當複雜的反應，牽涉到大腦中不同區域的互動。研究指出，背外側前額葉負責客觀分析和處理我們對事件的認知，而內側前額葉則負責個人知覺和處理社會認知。杏仁核則負責辨識危險和處理我們的情緒反應。當杏仁核的活化程度提高時，情緒反應就會變得更加強烈。

一個人的內在世界

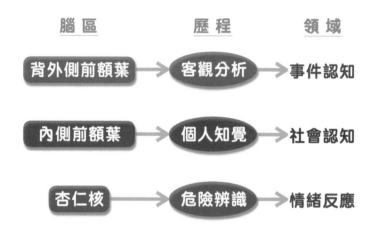

腦 區	歷 程	領 域
背外側前額葉 →	客觀分析 →	事件認知
內側前額葉 →	個人知覺 →	社會認知
杏仁核 →	危險辨識 →	情緒反應

　　談到情緒反應時，我們實際上在討論由杏仁核透過連結所創造的一種記憶形式。這些情緒記憶可能是我們的大腦皮質無法察覺的經驗。這是因為負責情緒記憶的杏仁核和負責外顯記憶的大腦皮質是獨立運作的系統。相較於容易被遺忘或難以提取的大腦皮質外顯記憶，儲存於杏仁核中的情緒經驗更持久，有時甚至會持續一輩子而不被遺忘。

　　來自杏仁核的焦慮是很久以前發生的焦慮，相關的記憶儲存在杏仁核中。這種焦慮帶有一種似曾相識的感覺，通常在類似情境下會再次被喚起。相較於來自杏仁核的焦慮，來自大腦皮質的焦慮就有所不同。來自大腦皮質的焦慮通常是最近發生的焦慮，相關的記憶儲存在大腦皮質（尤其是海馬迴皮質）中，這種焦慮和害怕通常以圖像的方式記錄事件的差異。

焦慮的起源往往涉及到大腦皮質和杏仁核這兩個區域。了解焦慮主要來自哪個區域對於我們在處理焦慮時非常重要，因為這將決定我們應該使用何種策略。來自大腦皮質的焦慮需要處理與目前事件客觀分析的因果關係，而來自杏仁核的焦慮則需要處理與過去事件相似的情緒記憶經驗。因此，在處理壓力時，區分焦慮是來自杏仁核還是其他區域就變得非常重要。

　　在來自杏仁核的焦慮中，背外側杏仁核在情緒記憶中扮演關鍵角色，它決定了中央杏仁核是否對特定感覺做出回應。當背外側杏仁核接收來自感官接受器的訊息後，透過與其中儲存的情緒記憶進行比對，判斷當下的焦慮是否與過去的情緒記憶相關聯，進而確定當下訊息是否具有威脅性。杏仁核所引發的焦慮是基於相似而非邏輯的連結，因此觸發因素並不需要符合邏輯。這也是為什麼杏仁核運作的語言是建立在關聯性而非因果關係上的原因。

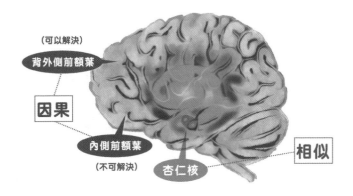

煩心 的腦

那麼，我們如何判斷焦慮是否源自於杏仁核呢？杏仁核的決策反應常常發生在我們意識之外，各種感官經驗（視覺、聽覺、觸覺、味覺等）都可能激活杏仁核，進而引發焦慮反應。因此，我們需要花些時間學習辨識杏仁核這個危險偵測器。

　　根據《重新連結你焦慮的大腦（Rewire Your Anxious Brain）》（Pittman & Karle, 2015），以及我個人多年的臨床經驗，我整理出以下判斷焦慮是否源自於杏仁核的準則。當焦慮來自於杏仁核時，會呈現以下明顯特徵：迅速且強烈，缺乏合理的因果關聯，當下無法清晰思考，容易產生威脅感，並伴隨強烈的生理反應。若焦慮缺乏上述特徵，則可能來自大腦皮質。

　　以下是幾個常見的陳述，描述了來自杏仁核的焦慮特徵：
（一）迅速且強烈：「我的焦慮如此之強烈，超出我的預期。」、「面對焦慮，我常常手足無措，別人可能會覺得我反應過度。」、「我無法控制自己的情緒反應。」、「經常感到驚慌失措，毫無預警。」、「我可以在半秒鐘內完全從平靜轉為恐慌的狀態。」、「我很容易激動，事後才發現自己的反應過度。」
（二）缺乏合理的因果關聯：「即使焦慮的原因毫無邏輯可言，但我無法停止想著它。」、「焦慮的起因和表現的症狀之間沒有相應的比例關係。」、

「有時候，我會感到心臟快速跳動，而沒有明確原因。」、「即便想破頭，我還是沒有辦法辨識出焦慮可能的起因。」、「我明明刻意避開某些情境，卻無法給出充分的解釋。」

（三）當下無法清晰思考：「焦慮時，周遭的事物變得不真實，我擔心自己會失去理智。」、「焦慮時，我無法集中注意力處理眼前的事情。」、「害怕即將發生的事情時，我完全失去控制，不知道該如何應對。」、「壓力一來，我就很難集中精神處理事務。」、「壓力一來，我的頭腦空白一片，無法思考。」

（四）容易產生威脅感：「周圍的人經常擔心我可能會突然情緒失控。」、「因為情緒不穩定，家人和朋友在我身邊總是小心翼翼，生怕觸怒我。」、「雖然我不想傷害他人，但我無法控制自己的衝動。」、「壓力一來，容易對他人造成傷害。」

（五）伴隨強烈的生理反應：「焦慮時，我懷疑自己是否心臟病發作？」、「焦慮時，我感到頭暈，甚至覺得快要昏倒。」、「焦慮時，胃部不適，甚至感到噁心。」、「焦慮時，四肢容易顫抖，皮膚不斷出汗。」、「焦慮時，呼吸無法保持正常節奏。」、「焦慮時，難以將思緒從身體異常感覺中分離出來。」

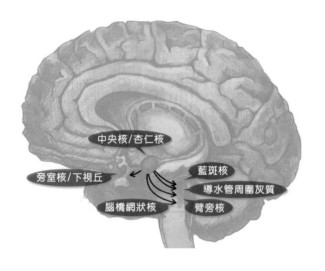

中央核/杏仁核

旁室核/下視丘　　　　　　藍斑核

導水管周圍灰質

腦橋網狀核　　臂旁核

　　為什麼來自杏仁核的焦慮會引起上述相關症狀呢？從腦神經科學的角度來看，一旦中央杏仁核被激活，它會引發其他相關的神經核活化，進而導致上述症狀的出現。讓我們舉例說明，當下視丘的旁室核被活化時，會釋放出大量的促腎上腺皮質激素，進而引起壓力反應；當藍斑核被激活時，會分泌過多的正腎上腺素，使人過度警覺；而當導水管周圍灰質被激活時，人們可能出現攻擊行為；此外，臂旁核的活化不僅會增強呼吸功能，還會激活交感神經，導致血壓上升；另外，腦橋網狀核的激活與驚恐反應有關。

　　這些神經核之間的相互作用和活化，形成了焦慮所引起的症狀表現。當中央杏仁核感知到潛在的威脅時，它會傳遞訊息給其他神經核，啟動身體的防禦機制，造成不同的生理和心

理反應。這些反應包括壓力反應、過度警覺、攻擊行爲、呼吸加強和血壓升高等。這些反應是身體應對壓力和威脅的自然反應，但當焦慮變得持續或過度時，就可能對個人的生活和健康產生負面影響。

一旦我們能夠判斷焦慮是來自大腦皮質還是杏仁核，就能夠選擇更適合的干預策略來解決焦慮問題。因此，在日常生活中，學習辨識焦慮是否源自於杏仁核對於自我照顧和諮商介入具有重要意義。

第四步：走出健康的腦迴路

當我們感到焦慮時，如果這種情緒是源自我們大腦皮質的活動。在這種情況下，我們還需要學習辨別焦慮事件是否可解決。如果問題可以解決，也就是說，我們能夠找到解決方法，那麼我們需要學習有效解決問題的策略，以應對當下正在發生的問題。透過專注於問題的分析和學習解決問題的技巧，我們能夠培養大腦背外側前額葉的腦肌力。

然而，有些焦慮事件是不可解決的，例如某些結果已經發生也無法挽回。在這種情況下，焦慮的主要原因往往來自我們的想像。這時我們需要學習如何與自己相處。透過重新評估問題，我們可以培養大腦內側前額葉的腦肌力。

在生活中，我們經常遇到無法改變的困境。接受這些無法改變的部分，並努力改變我們能夠改變的部分，是一種改變的藝術。就像一段寧靜禱文所說：「願上帝賜我平靜，接受我無

法改變的事；願上帝賜我勇氣，改變我可改變的事；願上帝賜我智慧，分辨兩者的不同。」這段話傳達了一個重要的思想，當我們面對問題時，需要先辨別出「這個問題能夠解決嗎？還是它無法改變？」的差異。

　　儘管這段話帶有宗教色彩，但即使您不是基督徒，你也可以嘗試用其他詞語來代表那股存在於大自然中的至高無上力量，如「觀世音菩薩」或「老天爺」。你可以將這段話修改為：「願老天爺賜我平靜，接受我無法改變的事；願老天爺賜我勇氣，改變我可改變的事；願老天爺賜我智慧，分辨兩者的不同。」另外，如果將「事」改為「人」，這段話也可修改為：「願老天爺賜我平靜，接受我無法改變的人；願老天爺賜我勇氣，改變我可改變的人；願老天爺賜我智慧，讓我瞭解那個人就是我。」

　　在我們的人生中，總會遇到許多不如意的事情，有些現實是殘酷的，我們無法逃避也無法選擇。如果問題是不可改變的，我們需要以平靜的心接受它；如果問題是可以努力改變的，我們需要勇敢地去處理。為了能夠順應命運、充分發揮自身的力量，改變我們可以改變的事情並接受無法改變的事情，我們需要培養一種智慧的心，能夠辨別「這個問題能夠解決嗎？還是它無法改變？」。

　　斯多葛哲學認為，世事無常，我們只能關注自己能夠控制的部分，過多關注於無法控制的部分是毫無意義的。從腦科學的角度來看，過多關注於無法控制的部分會使大腦分泌的血

清素減少。血清素的不足可能導致焦慮、憂鬱等負面情緒的產生。因此，學習將注意力集中在我們能夠掌握的事物上，能夠幫助我們保持平靜的心態和積極的情緒。

當焦慮的情緒來自於杏仁核而非大腦皮質時，我們需要採取不同的處理方法。對於源自杏仁核的焦慮，我們需要運用能夠調節杏仁核活動的治療方法。這種焦慮通常與孩童早期的生活經驗或過去的創傷有關，通常需要專業的協助才能處理。在本書的後半部分，特別在「整合神經心理諮商理論模式實務運用」章節中，我將進一步介紹和解釋這種處理方法。

克服拖延症的方法

要克服拖延症，我們首先需要了解習慣養成的腦科學原理，這樣才能制定應對拖延症的有效策略。

習慣養成的腦科學

在日常生活中，習慣的形成對於自我照顧、諮商輔導和心理治療至關重要。然而，若要從神經心理學的角度來看待這個議題，我們必須深入瞭解多巴胺這個神經傳遞物質以及大腦中的前額葉皮質和基底核兩個重要區域。

無論是獲得薪水的增加還是約會成功，這些情境雖然感受各異，卻都會在大腦中釋放出特定的神經物質。多巴胺是其中

一種極其重要的神經傳遞物質，對我們的情緒和行為產生著深遠的影響。因此，深入瞭解多巴胺的作用原理對於理解習慣的形成過程至關重要。

研究表明，在培養習慣的過程中，行為在獲得獎勵時更容易持續下去，而這正是多巴胺發揮的角色。當我們獲得獎勵時，大腦會從腹側背蓋區到伏隔核釋放多巴胺這種神經傳遞物質。多巴胺不僅帶來愉悅感，還促進神經細胞之間的訊息傳遞。在某些神經細胞之間，多巴胺的傳遞會不斷增加，形成新的多巴胺迴路。在這個迴路中，相關的神經細胞變得更活躍，相關的行為體驗和記憶也更加深刻。當下次面臨相同情境時，這個神經迴路就會被啟動，使我們自動執行相同的行為。這便是習慣形成所帶來的大腦變化。

人類的行為往往充滿著趣味性。我們都知道吸煙會增加罹患肺癌的風險，並對健康長期造成威脅，但為什麼還有如此多的人每天都吸煙呢？答案很簡單：吸煙帶來即時的愉悅感和滿足感。這是因為吸煙時大腦釋放出多巴胺，使我們更傾向於追求立即的即時獎勵，而忽略了長遠的利益。吸煙可以立即紓解壓力和負面情緒，儘管可能在十年後對健康產生危害。然而，這種追求即時滿足的行為往往使人們忽略了可能需要付出的代價。

相較於吸煙，許多良好的生活習慣可能顯得乏味且困難。以健身為例，即使你連續幾天去健身房，也不會立即變得健壯和健康。因此，儘管我們知道培養良好的習慣可以改變生活，

但常常很難克服我們的本性，堅持養成這些習慣。在這種情況下，快樂和滿足感對於養成良好習慣變得非常重要。從神經心理學的角度來看，這是因為大腦受到獎勵機制的驅使。當我們執行良好的習慣時，大腦釋放出多巴胺等神經傳遞物質，引發快樂和滿足感。因此，若能在培養良好習慣的過程中激活大腦的獎勵迴路，將有助於更容易地養成習慣。

如何激發獎勵迴路以感受到反饋和成就感？關鍵在於認識自己對自己和環境產生的影響。簡單來說，思考行為帶來的變化。舉例而言，學習理財能夠制定有效的家庭投資計劃，每月的理財收益就是直接的成果。學習新知識也能夠將所學教授他人，他人的回饋和讚賞就是成就感的體現。成果不僅僅是具體的物品，也可以是心靈上的滿足、自尊心的提升、他人的感謝、讚賞和認同。

然而，我們需要注意在何時使用獎勵來強化行為體驗。多巴胺只能在短時間內加強行為的記憶，因此最好能夠在完成行動後立即給予獎勵，讓大腦能夠建立起獎勵和行為之間的聯繫。如果獎勵和行為相隔數天，大腦就難以將獎勵和之前的行為聯繫起來。因此，在我們想要鞏固某種行為時，應盡量確保獎勵能夠及時地呈現，以促使大腦將其和行為聯繫起來，進一步增強行為的穩定性。

接著，讓我們深入研究習慣養成過程中兩個關鍵的腦區：前額葉皮質和基底核。前額葉皮質在複雜思考和行為中扮演著重要的角色，它評估行為的價值、執行方式和方法選擇。換句

話說，它協助我們熟悉任務。一旦任務變得熟悉，前額葉皮質便將其轉交給基底核。儘管基底核功能較為簡單，只能處理基本思維活動，但它具有獨特的優勢。基底核運作效率高，相對於前額葉皮質消耗較少能量，因此適合處理熟悉的例行工作。

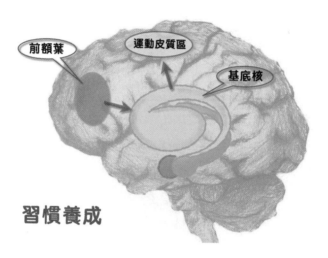

習慣養成

當我們開始培養新行為時，大腦中的神經細胞通過突觸建立與其他神經細胞的連結，形成新的神經網絡。然而，這些連結的建立和穩定需要時間。換句話說，在建立新習慣的過程中，有一個關鍵的時間窗口。在這段時間內，我們必須持續執行新行為，以逐漸建立新的神經網絡。

當一個行為重複進行一段時間後，大腦中的基底核接收到規律性訊號，便會接管並將該行為自動化，以節省能量。這樣一來，大腦皮質就能專注於其他重要事務。舉例來說，開車是

一項複雜而困難的任務。但當開車行為反覆出現一段時間後，基底核便會接手，使開車變得自動化，以至於你可以輕鬆地與他人交談或聆聽廣播。因此，若我們希望改變某些行為習慣，就需要進行重複訓練，促使大腦形成新的神經路徑和模式，逐漸改變無意識層面的習慣行為。

然而，習慣養成是一項艱難的任務，許多人往往無法長期堅持，主要原因是缺乏持續重複行為直到自動化的意識。養成習慣有一個重要的階段，需要長時間的反覆行動，使得大腦的基底核逐漸接管，減少前額葉皮質的參與，使習慣變得自然而然。當然，這個過程對於壞習慣來說也同樣成立。

或許你會問，在培養良好習慣之前，我們是否需要擁有強大的自我控制力來抵制誘惑（例如戒菸、減肥、運動等）？然而從腦神經科學的角度來看，實現長期改變的關鍵不在於意識層面上的抵制，而是直接採取行動，跳過思考階段。換句話說，建立良好習慣應該在無意識層面上進行，透過科學方法讓改變自然而然地成為自動反應。

每個人的意志力都是有限的，儘管個體之間可能有些微差異，但差異不會太大。那些被認為具有強大意志力的人，通常找到了不需要消耗太多意志力的方法。舉例來說，當你工作時，如果手機經常放在視線範圍內或容易拿到的地方，每當你想要解鎖手機時，大腦就會耗費部分意志力來抑制衝動。不經意間，有限的意志力就會減少了。同樣地，臉書創辦人馬克·祖克柏選擇簡約的服裝風格，不僅省去了選擇衣物的時間，還

能將有限且寶貴的意志力用於更重要的事情上，而不浪費在衣著選擇上。

　　德國的一項實驗結果顯示，抵制誘惑並不一定需要強大的自我控制力，這與大眾對此的一般觀念有所不同。事實上，那些擁有高度自我控制力的人，並非依靠強烈的自我抑制來實現目標，而是透過無意識中的習慣來避免誘惑的發生。這些人通常過著克制且簡樸的生活，因為他們的慾望很少與目標相衝突，也很少需要壓抑自己。他們每天按時鍛鍊身體，保持規律的睡眠，並在固定的時間內專注於工作等。這些習慣已在他們的無意識中形成，成為他們生活的一部分。因此，他們很少為是否要吃甜點或熬夜玩遊戲而感到掙扎，因為這些慾望很少出現在他們身上（Heatherton & Tice, 1994）。

　　要養成新的習慣，我們需要思考如何在無意識的層面上建立良好的習慣。建立新習慣的難點在於大腦習慣於保持現狀，對於新的刺激需要更多的能量來適應。習慣是由大腦內部的神經網絡形成的，特別是與基底核相關的腦區。當我們反覆執行某個行為時，大腦會進入自動化的狀態，使得這個行為變得容易且自然。然而，這也意味著當我們試圖改變這個習慣時，我們需要花費相當大的能量來打破原有的神經網絡，並重新建立新的神經網絡。

　　接下來我們要談的是，養成新習慣需要多長時間？實際上，要形成一個習慣並沒有確定的時間框架，因為這取決於習慣的複雜性、個人差異以及行為頻率等多種因素。對於一些簡

單的行爲，例如喝水、刷牙等，研究表明只需要幾週的時間就能形成習慣。然而，對於較複雜的行爲，例如運動、節食等，建立習慣可能需要更長的時間。

　　根據科學研究，習慣的形成速度不僅與前文所提到的伏隔核的活化程度相關，還與大腦中的杏仁核密切相關。舉個例子，當我們接觸到火爐時，如果我們的杏仁核被激活，我們就能迅速形成避免碰觸火爐的習慣。從神經科學的角度來看，習慣的形成只需要不到100毫秒的時間。這是因爲當我們經歷某種經驗時，杏仁核會立即參與其中，促使習慣迅速形成。

　　最後，在培養新習慣的過程中，環境因素也扮演著一個極爲重要的角色。環境可以分爲兩類因素：提示和阻力。提示是促使習慣形成的關鍵。當我們接收到某種刺激時，這種刺激會影響我們之後的行爲反應，這被稱爲「促發效應（priming effect）」。因此，保持相關環境的提示至關重要。環境提示可以是時間、物品或人物。舉例來說，如果你想每天早上運動，你可以將運動鞋放在門口，作爲開始運動的提示。此外，你也可以將新習慣放在已有習慣之後，利用已有習慣的提示來促使新習慣的形成。例如，如果你想培養早起閱讀的習慣，可以在已經養成的習慣（如整理床鋪）之後，坐在書桌前打開書。經過一段時間，每次整理床鋪後，你會自然而然地坐在書桌前開始閱讀。

　　然而，除了提示之外，我們還需要注意阻力這個因素。阻力指的是環境對行爲的阻礙效果，而阻力的大小會影響行爲的

難易程度。舉例來說，如果你想培養專心讀書的習慣，可以把手機放在隔壁房間，增加打開手機的阻力，讓專心讀書變得更容易實現。從腦神經科學的角度來看，人類的行為和決策是由大腦中的神經細胞所控制。當我們做出決策時，大腦會比較不同選項的成本和效益，以判斷哪一個選項更有利。當行為所需的阻力增加時，例如距離增大，該行為就會變得更加困難。這可能會使大腦選擇避免或推遲該行為，進而影響我們的行為和決策。

總的來說，要養成良好的習慣，可以從小目標開始，持續重複行為，讓自己感受到愉悅和放鬆的感覺。同時，我們也可以透過激勵和獎勵來增強這種愉悅感，從而讓自己更加堅定地養成習慣。在習慣的建立過程中，我們還需要留意環境中的提示和阻力。提示可以促發習慣的形成，而阻力則影響行為的難易程度。

擺脫拖延的策略

每每面對行為改變，我們為何總是一拖再拖，無法踏出改變的第一步呢？通過腦科學家的研究發現，拖延行為與我們大腦中的伏隔核、前扣帶迴、杏仁核、基底核、內側前額葉皮質以及背外側前額葉皮質等腦區有著密切的關聯。掌握習慣改變與這些腦區之間的聯繫，我們就能夠自主地設計出更有效的習慣改變策略。

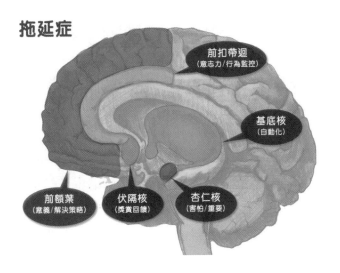

拖延症

前扣帶迴
（意志力/行為監控）

基底核
（自動化）

前額葉
（意義/解決策略）

伏隔核
（獎賞回饋）

杏仁核
（害怕/重要）

　　在我們日常生活中，拖延常常困擾著我們，而這與自制力息息相關。根據腦科學的研究，大腦中的兩個關鍵區域與自制力緊密相連：伏隔核和前扣帶迴。伏隔核負責即時的滿足感，而前扣帶迴則負責幫助我們保持集中注意力、控制情緒、抑制不必要的行為。這兩個區域的運作影響著我們的動力和意志力。

　　動力代表內在的驅力，強調的是即時的渴望和衝動（例如對美食的沉迷），驅使我們追求短暫的快樂。它推動我們去行動，成為行為改變的推動力。作為人類，我們擁有著許多的慾望，這些慾望驅使著我們不斷追求更好的生活。然而，那些安於現狀、滿足於當下、不思進取的人卻往往錯失了改變人生的機會。當我們缺乏目標時，腦內的伏隔核就會減少多巴胺的分泌，進而使我們失去前進的動力。動力主要與大腦中的獎賞系

統相關，其中多巴胺神經細胞的活動起著重要作用。這些神經細胞將大腦中的獎賞系統和行為聯繫在一起。當我們完成某項行為時，這些神經細胞釋放多巴胺，讓我們感到愉悅和滿足，進而促使我們重複這種行為。

儘管設定目標能夠激發改變的動機，但相對於追求長遠利益的滿足，我們的大腦更傾向於追求立即獲得目標的滿足感。經過數十萬年的演化，我們的大腦本能上渴望多巴胺的釋放。當大腦感受到獲得目標的機會時，就會分泌多巴胺，激活伏隔核，推動行為改變。當我們面臨長遠利益和立即獲得目標兩者之間的抉擇時，很容易發現我們的大腦會選擇立即享樂，這就是拖延在我們日常生活中不斷上演的原因。

相對動力，意志力涉及大腦中前扣帶迴運作，這是控制自己行為的中心。它關注的是長期目標和願望，例如事業成功，這些目標需要長時間的積累和努力才能實現。然而，當我們無法感受到進展和成就感時，很容易失去信心和動力，進而放棄長期目標。

我們需要明白，意志力是有限的資源，它會隨著使用而消耗。當我們在長時間的決策、壓力和自我控制的狀態下努力時，我們的自我控制力可能會逐漸耗盡。這是因為在完成任務時，我們的身體消耗了大量的葡萄糖，而意志力的運作也需要葡萄糖作為能量來源。當身體的葡萄糖水平下降時，大腦無法得到足夠的能量供應，這會影響我們的自我控制能力。葡萄糖是大腦運作所需的主要燃料，因此，當葡萄糖供應不足時，我

們的自我控制力也會下降，這會導致我們難以保持注意力集中、控制情緒和做出正確的決策。

在改變習慣的過程中，我們需要注意不要高估前扣帶迴的自控能力，同時低估伏隔核誘惑的影響力。意志力的耗盡和葡萄糖供應不足可能會對我們的自我控制能力帶來挑戰。因此，我們需要找到策略和方法來維護意志力和葡萄糖供應，以幫助我們更好地管理行為、培養良好的習慣和實現目標。

現在，我們來談談一個例子，假設你設定了一個目標，在一年後通過多益考試並獲得中高級認證。目前，你將大部分的精力都放在學習語言上。然而，當你專注學習時，你的目光不小心瞄到書桌上的手機，它近在咫尺，讓你有機會滿足一下玩遊戲或看看臉書的渴望。這個時候，你會做出什麼樣的選擇呢？

理智上，你可能知道堅持努力學習可以在一年後獲得多益考試中高級認證所帶來的好處。然而，相對於未來的利益，此刻需要耗費前扣帶迴的能量來堅持這個目標。然而，大腦往往更容易被即時的快樂感所吸引，激活了大腦的伏隔核，讓你能夠立即感受到快樂的情感。大腦渴望即時的快樂感，這也是為什麼我們在改變自己的過程中容易拖延的其中一個重要原因。如果你過高地估計了自己的前扣帶迴的功能，並低估了伏隔核的誘惑能力，那麼拖延症就會纏住你。

不要高估自己的前扣帶迴功能，並且要注意一件事情。通常，如果你使用壓抑的方法強迫自己抵抗誘惑，往往會以失

敗告終。失敗的原因在於負責自我控制的前扣帶迴功能有其限制。特別是在壓力過大或整天工作後，自我控制力更容易耗盡，這使得回到舊有的壞習慣中的可能性更高。這就是為什麼當你一整天疲累地回到家時，儘管你曾承諾要去健身房運動，但你卻躺在沙發上看電視的行為。

為了擺脫拖延症的困擾，除了確保有足夠的休息、適度的運動和均衡的飲食以提高自我控制能力外，你還需要學會觀察那些會讓你偏離軌道，追求即時快樂的誘惑，並有意識地遠離這些分散注意力的事物。特別是在現代社會中，手機的存在讓我們更容易分心。

現在我們已經了解到養成良好習慣需要持之以恆不放棄。然而，負責執行持之以恆的前扣帶迴並不總是保持在最佳狀態。當我們感到疲勞或處於壓力之下時，前扣帶迴容易無法有效地幫助我們保持持之以恆。擁有這樣的神經科學知識後，在建立新習慣的過程中，我們需要有一定的彈性。

舉例來說，如果你想培養運動的好習慣，當你制定鍛鍊計劃時，可以考慮設定幾種不同強度的運動選項（最好是三種）。如果你當天的前扣帶迴功能非常好，你可以選擇高強度的戶外跑步，如果前扣帶迴功能稍差，你可以選擇中強度的公園快走作為替代，而如果當天前扣帶迴功能真的不理想，你可以選擇在家做低強度的伏地挺身，只要能讓自己出汗即可。在培養運動習慣的過程中，盡量讓自己有機會進行彈性的調整，這樣你的前扣帶迴就不會因為覺得難度太高而感到疲累，而是

能根據當天的狀態選擇最適合的行動方案，確保每一天都能向目標邁進。

　　關於前扣帶迴和習慣的關係，還有一個值得注意的事情。從腦神經科學的角度來看，當前扣帶迴接收到的訊息不一致時，我們可能會感到疼痛。人類的本能是為了避免疼痛，所以我們會讓訊息保持一致性。因此，在你計劃進行改變時，最好向周圍的人做出承諾，因為向他人做出承諾會迫使你盡力履行。

　　舉個例子，當你在眾人面前承諾戒菸時，你知道他們都在關注著你，你不想被視為失信的人，所以你會發揮出強大的意志力來支持戒菸行為。即使在戒菸過程中，菸癮引起的痛苦令你難以忍受，你也會努力控制自己，不違背承諾。相反地，如果你只是在私下口頭表示要戒菸，很可能戒菸行為就會以失敗告終，因為你並未對他人做出承諾，所以也不會堅守承諾。再舉一個例子，如果你希望透過運動減肥，但擔心自己缺乏堅定的毅力，你可以在社交媒體上發布一則公告。當你在眾人面前承諾時，內心會激發出強大的動力，使你能夠堅定地遵循計劃，實現自己的目標。

　　在日常生活中，有時我們會拖延不願改變，其中一個原因是因為內側前額葉皮質追求完美的信號。通常，當我們計劃行動之前，左腦的背外側前額葉皮質協助我們思考應該做什麼，而右腦的背外側前額葉皮質則協助我們思考不該做什麼。接著，內側前額葉皮質會審視行動前的規劃是否合宜，然後我

們才會採取行動。然而，當內側前額葉皮質認為計劃不夠完美時，某些人會寧願拖延，也不輕易改變，因為他們害怕行動結果的不完美。如果拖延是由內側前額葉皮質追求完美心態所導致，要擺脫這個壞習慣，我們需要學會勇於面對不完美。

此外，我們內在的自我對話與意志力在面對誘惑時有密切關聯。一項經典研究要求參與者抵制巧克力（Baumeister, Bratslavsky, Muraven, & Tice, 1998）。研究將參與者分為兩組，其中一組被要求禁止享用美味的巧克力，而另一組則沒有這樣的要求。研究人員發現，那些被告知「你不能吃巧克力」的參與者在後續的意志力測試中表現較差，顯示他們已消耗了意志力資源。相比之下，那些被告知「你可以吃巧克力，但你選擇不吃」的參與者表現較好，因為他們沒有被強制要求控制飲食選擇。

這個研究結果傳達了一個重要的觀點，當我們面臨誘惑時，僅告訴自己「我不要」並試圖強迫自己抵抗誘惑，可能會加劇渴望，反而更容易屈服。相反地，若我們以「我可以，但我選擇不要」的心態思考，我們將擁有更好的意志力。

這種心態轉變的關鍵在於給予自己更大的選擇權。當我們告訴自己「我不要」時，會感受到被剝奪的感覺，這往往引起內心的反抗和反叛。相反地，當我們告訴自己「我可以，但我選擇不要」時，我們賦予自己自主權，不再被迫控制，而是主動做出選擇。這種心態轉變有助於降低杏仁核的活化，進而減輕內在的壓力和焦慮，同時增強我們的自我控制能力。

想要克服拖延的壞習慣，把目標拆解成自己可以行動的小任務也是一個不錯的小祕訣。從腦科學的角度來看，當我們面對一個遙不可及的目標時，往往會感到壓力。當大腦感受到壓力時，杏仁核容易被活化，使我們產生害怕而不前的情緒。因此，將目標分解成小任務有助於減輕壓力，減少對杏仁核的刺激，進而減少害怕的情緒。

　　此外，我們都知道前扣帶迴負責意志力和行為監控。然而，它很耗能，容易讓人感到疲累並放棄。因此，我們可以利用一些小技巧來欺騙它，例如在養成新習慣時，儘可能將行動的第一步簡單化。舉例來說，如果要培養讀英文的習慣，一開始只需安排每天閱讀10分鐘即可。或者，如果要養成運動的習慣，一開始只需讓自己換上運動服，然後走出家門即可。

　　還有，人類大腦對於新習慣的抵抗力非常強大。當我們試圖建立一個新的習慣時，大腦中的神經迴路必須進行重組，這需要耗費大量的能量和資源。因此，大腦常常會反對這種改變，使我們難以持續養成新的習慣。然而，通過將目標細分為小步驟，我們可以逐漸改變行為模式，從而實現更大的目標。

　　這種方法的優勢在於步驟非常細微，因此容易快速建立，並且不需要過大的意志力來維持。當我們試圖一口氣改變所有的行為習慣時，通常需要巨大的意志力和自我控制。然而，將目標細分為小步驟意味著我們可以專注於當前的任務，而不會感到不堪負荷。這種方式使我們能夠更輕鬆地管理自己的行為，並且更容易保持動力和持續性。

實現目標拆解的方法可以通過以下步驟進行。首先，將大目標細分爲可管理的小目標，確定每個小目標所需的具體行動和時間範圍。接著，將每個小目標進一步細分爲微小的任務或行動，使其更容易實現。例如，如果你的目標是寫一本書，你可以將之分解爲每天寫一小段文字或每週安排寫作時間。這樣一來，你就可以專注於每個微小的任務，輕鬆地達成它。同時，目標的拆解也可以激發我們在成功過程中產生的「小勝利感」。當我們完成一個小目標時，腦中的伏隔核會釋放出滿足感和成就感。這些正面情緒有助於我們保持動力和自信心，進而推動我們追求更大的目標。

　　在拆解目標的過程中，確定具體可行的方法來實現微小目標也至關重要。大腦的背外側前額葉皮層負責決策和計劃，將目標拆解成小任務有助於這個區域更容易思考出可行的行動方案，進而增加行動的效率。舉例來說，設定一個目標，每天花5分鐘閱讀書籍的一個章節。

　　拆解目標並將其轉化爲小任務是克服拖延並實現成功的重要策略之一。這種方法基於神經心理學的見解，通過了解大腦的運作和行爲模式，我們可以更有效地管理自己的行動和情緒。將目標分解成小步驟，不僅有助於減輕壓力和害怕的情緒，還能提升意志力和自我控制。同時，這種方法也能激勵我們通過小勝利感和成就感維持動力，並逐漸實現更大的目標。以這種方式拆解目標並實現它們，你將更容易享受到成功的喜悅，並在自我照顧和諮商輔導中獲得更好的效果。

另外值得一提的是，在追求成功目標的過程中，保持動力對我們至關重要。我們可以使用視覺化的輔助工具，如進度追蹤器或待辦事項清單，來監測進展情況。這不僅有助於清晰地看到小勝利的達成，還提醒我們尚有多少任務需要完成。這樣的工具能夠持續激勵我們，保持前進的動力。從腦神經科學的角度來看，大腦擁有一個腦部獎勵系統，能夠激勵我們追求有意義的事情。當我們完成一項任務或實現一個目標時，大腦釋放出多巴胺等神經遞質，讓我們感到快樂和滿足。這種感受成為我們追求成功和成就的動力來源。

　　使用視覺化的輔助工具還有一個好處。許多人每天過著毫無意義的生活，其中一個重要原因是沒有審視日常習慣。讓自己每隔一段時間，將一週的時間花費做個紀錄和歸類，這個紀錄最好能在當天完成，而不是等到一週結束才回顧。一旦我們有意識地審視時間的運用，我們就有機會找到生命的意義。找到生命的意義可以為習慣的養成注入改變的強大動力。

　　從生物演化的角度來看，人類的意志力是經過長期演化而形成的，以因應不同環境和生存需求。這種能力使我們能夠實現目標，而失去它可能導致自我控制和應對挑戰變得困難。相較於意志力需要長時間的付出和耐心等待，動力則驅使我們陷入短暫的慾望和即時的快感。當這兩種力量發生衝突時，我們很容易受到當下快感和慾望的影響，忽視長遠目標和願望。因此，我們需要找到一種方法來調和這兩種力量之間的矛盾，以更好地控制自己的行為，實現長遠目標。

最後，如果習慣的改變不幸遭遇到失敗，你還可以透過標誌特殊的日期來重新開始。根據神經心理學的研究，人腦中的海馬迴是負責記憶和空間定位的區域之一。當我們置身於新的環境或經歷重要事件時，海馬迴會產生更多的神經細胞，這些神經細胞會將新的經驗轉化為長期記憶。因此，當我們在特殊的日子重新開始時，海馬迴會將這個特殊事件記錄下來，使其更容易成為長期記憶的一部分。這種腦科學現象與心理學中所謂的「新起點效應」密切相關。所謂的新起點效應指的是，即使這個新開始很微小，它也能讓人感覺像回到白紙一樣，影響我們的自我描述和行為表現。例如，每年的第一天、每個月的第一天、每周的第一天或生日等特殊日期，都可以成為重新開始的標誌。

　　新起點效應的形成還涉及到腦區域之間的聯繫。例如，杏仁核是負責情緒反應的區域之一，它與海馬迴有密切聯繫。當我們經歷特殊的日子時，例如生日或新的一年，杏仁核會受到刺激，產生正面的情緒反應，進一步促進新起點效應的形成。

　　總結而言，微細化目標在神經科學和心理學中被廣泛應用，幫助我們培養良好習慣和增強自我控制力。通過分解目標、明確方法、營造環境和追蹤進展，我們能夠更有效地實現我們所期望的改變。透過微小的習慣，你可以改變自己的生活，擺脫拖延症的困擾，提升個人成長和幸福感。下次當你再次陷入拖延習慣時，請從腦科學的角度思考自己為何會有拖延的原因。針對不同拖延症的成因，你就可以更有效地找到改變

自己拖延習慣的方法。

提升記憶力的技巧

　　我們的大腦經過長時間的演化，使得我們能夠靈活地處理日常生活中的資訊。然而，隨著科技的快速發展，我們現在需要記憶的資訊數量前所未有地增加。相較於我們的祖先，我們面臨的資訊量讓大腦的注意力過濾器面臨巨大壓力。

　　在這個資訊爆炸的時代中，我們每天都必須努力區分哪些資訊是真正對我們有用的。為了辨別這些資訊，我們的注意力不得不在不同主題之間不斷轉換。然而，對於大腦而言，這種注意力的轉換需要付出相當大的代價。因此，在這個信息過載的現代社會中，要有效地增強記憶力，我們需要了解與記憶和注意力相關的腦科學知識。

　　根據神經心理學的研究，當神經細胞受到刺激時，由於神經可塑性的作用，神經細胞之間的突觸連接會發生重組。這些新的神經迴路的形成將改變我們的行為，這就是學習的過程。要讓大腦有效地建立我們所需的神經迴路，以下是一些被研究證明有效的增強學習和記憶力的方法：

保持探索事物的好奇心

　　每當我們充滿渴望地追求新目標時，我們的大腦釋放出一

種特殊的腦部激素——多巴胺。多巴胺不僅帶來幸福和快樂的感覺，更能夠促使大腦發生可塑性變化，使我們的神經元迴路與學習相關的行為更緊密地連結在一起。這種緊密連結的效果有助於提升學習和記憶的效果。

此外，持續保持對事物的好奇心也能夠增強大腦的功能。這種好奇心將加強負責注意力的前扣帶迴與負責訊息處理的前額葉皮質之間的神經迴路連結。換句話說，當我們時刻保持對事物的好奇心時，前扣帶迴會快速將相關訊息傳遞給前額葉皮質，使其能夠迅速做出反應。這也解釋了為什麼有些人容易獲得靈感，思緒湧現的感覺，因為他們對事物的探索慾望扮演了重要角色。

總結來說，在學習過程中，關鍵是設定目標並擁有強烈的渴望，期待獲得回報。只要善用這種渴望和興奮感，不論年齡多大，都能夠強化學習，重新塑造一個充滿活力的大腦。讓我們在自我照顧和諮商中發掘神經科學的力量，激發我們的好奇心，並實現心理學與腦科學的完美結合。

創造學習前的儀式

在我們踏入學習模式之前，創造一個特別的個人儀式能夠幫助我們順利轉入學習狀態。這個儀式可以包括簡單整理書桌、點燃芳香蠟燭或使用精油，甚至做些身體伸展。這樣的儀式不僅能營造愉悅的學習環境，也透過與身體和大腦的互動，

告訴它們：「現在該準備進入學習狀態了」。

　　透過這樣的儀式，我們可以迅速調整身體和大腦，進入更專注、更投入的學習狀態，進而提升學習效果。這個儀式可以作為一個過渡，讓我們的心智準備好接收新的知識和資訊。

　　此外，我們也可以考慮搭配一些心理學技巧，增強儀式的效果。例如，使用正向自我暗示的方法，對自己說一些積極的話語，鼓勵自己進入學習狀態。告訴自己，你有能力學習並掌握新知識，並期待學習過程中的成長和收穫。

　　這種獨特的個人儀式不僅能夠幫助我們輕鬆進入學習模式，還能提升學習效率。這是因為它在心理和生理層面上都能建立一個積極的學習環境，讓我們更專注、更投入地學習。當我們學會與大腦和身體合作時，就能充分發揮學習的潛能，並享受到學習帶來的成就感。

　　因此，我們可以將這個儀式視為學習前的準備程序，為學習創造一個有利的環境。透過這種方式，我們能更有效地運用神經心理學的知識於學習過程，提升我們的學習體驗和成果。

集中注意力

　　專注力是一種重要的心理能力，但在現代社會中，我們常常面臨專注力分散的困擾。我們每天起床時，都打算好好工作和學習，但很快就被手機等娛樂方式吸引，無法專心。即使我們試圖重新集中注意力，也會感到疲勞和精力不足。科技的

發展帶來了便利，例如網絡使我們可以隨時接收資訊、享受娛樂，但同時也使我們失去了專注力的重要能力。

在現代社會中，我們習慣於從文字、圖片和短視頻中獲取資訊，而這些資訊不需要我們花費太多心思。透過後台演算法的推送，這些資訊可以準確地呈現在我們面前，使我們更容易分散注意力。此外，像觀看體育比賽、購物或使用社交媒體等活動，也不斷地以引人入勝的方式吸引我們的注意力，進一步分散了我們的專注力。這種分散注意力的現象已經成為一個普遍存在的問題，我們的專注力過度碎片化。

然而，現今許多人很難維持長時間的專注力。觀看影視劇時，大多數人使用加速播放，甚至加快到1.5倍或更快的速度。這種現象同樣出現在學術、文學和歷史等學科領域，許多人習慣於在短時間內迅速掌握大量知識。由於這種學習方式相對有趣，相較之下，大部分人不願意花費幾天甚至更長時間閱讀一本沉悶的書。這種習慣已成為一種捷徑，使人們很難再回歸正常的學習方式。

這種情況導致許多人僅僅停留在事物的表面，缺乏深入思考的能力。舉個例子，有些人自誇一天可以快速閱讀多本書，但他們很快就會忘記所讀內容，甚至連書名都記不住。這種表面的學習只是暫時看到或聽到，而無法真正理解和記憶。實際上，根據一篇系統性綜述的結果顯示，相較於電子閱讀，紙質閱讀更能提高學習成效，尤其是在處理較為複雜的學習內容時。

腦科學家們提出了兩個理由來解釋為什麼閱讀紙質書籍對於思考和記憶更有益處。首先，紙質書籍的閱讀節奏較慢，讓我們有時間思考並解決閱讀中的問題，進而形成更完整的思維導圖。相較於快速翻閱電子螢幕上的內容，紙質書籍提供了一種更富有沉浸感的閱讀體驗，讓我們能夠專注並深入思考所讀之物。其次，閱讀文字需要我們在大腦中消化和理解抽象的內容，因此有助於更深刻地記憶和理解。與此相反，觀看視頻並不需要這種思考過程，我們只需要被動地接收和消化信息，而不需要積極參與思考和解決問題的過程。久而久之，若我們只依賴視頻來快速獲取資訊，我們的大腦就像被寵壞的孩子，只會選擇容易理解的東西，而忽略了那些需要思考和解決的困難。這種學習方式不僅浪費了時間和注意力，更會影響我們的學習成效。

　　從腦神經科學的角度來看，當我們專注並全神貫注於某件事情，或者對某個訊息極為重視時，我們的記憶力將達到最佳狀態。大腦中負責注意力功能的區域主要位於前扣帶迴，它是大腦的一種注意力過濾器。在漫長的大腦演化過程中形成的前扣帶迴，使我們只能專注於一件事情，並只讓重要的資訊進入我們的思緒，從而協助我們專注於特定任務。

　　然而，現代科技的發展迫使我們改變大腦的使用方式，特別是智慧型手機的普及，常常使我們分心。分心的大腦運作模式與專注於單一任務的注意力過濾器運作模式相衝突。大腦的設計本來就不容易讓我們同時專注於多個任務。若硬是要一心

多用，我們的大腦就需要在不同主題間跳來跳去，轉換注意力將耗費極大能量，結果容易讓大腦感到疲倦。此外，短時間內不斷轉換注意力也違反了大腦一次只專注於一件事情的演化目的。分心導致每件事情只能被我們草率地看待，無法產生深刻且持久的記憶。從神經心理學的角度來說，人類的注意力是一項有限的資源，若注意力過濾器功能無法有效運作，注意力將容易被分散，進而影響記憶效能。

　　了解了大腦注意力過濾器的使用原則之後，讓我們來分享增強記憶的第一個良方。在記憶的過程中，努力讓自己一次只專心致力於單一的一個工作任務上，這樣我們的大腦才能發揮最大的功效。這意味著在面對重要任務時，我們應該努力排除干擾，集中精力，並避免同時處理多個不相關的事情。這樣可以幫助我們建立深入且持久的記憶，提高記憶效能。

　　要如何讓自己能夠保持專注呢？除了瞭解注意力過濾器（前扣帶迴）的功能外，我們還需要理解多巴胺這一神經傳遞物質的作用。當大腦缺乏多巴胺時，容易出現注意力不集中和容易分心等問題。

　　在記憶過程中，大腦遵循一些使用原則。當注意力過濾器（前扣帶迴）發現新奇有趣的訊息時，它會將這些訊息傳遞給前額葉皮質，並決定激活哪些神經細胞作出反應。如果你想有效地記憶某種技能或知識，最好將學習環境中與學習無關的事物完全排除。這些無關事物容易分散你的注意力。一旦注意力被分散，注意力過濾器（前扣帶迴）就需要耗費額外的能力來

過濾和回到主題。注意力的轉換對大腦來說非常負荷。如果在學習過程中反覆發生這樣的轉換，不僅會浪費時間，還會耗損腦力。

提到可能干擾學習的因素，你一定會聯想到所謂的3C產品。3C代表電腦、通訊和消費性電子，這三類家用電器產品，例如電腦、手機和隨身聽。然而，隨著科技的進步，智慧型手機結合了電腦、通訊和娛樂功能，並成為我們學習過程中最主要的干擾源。

在過去，當電話還是有線的時代，我們並不需要隨時待命等待他人的聯絡。然而，在現代社會，如果我們不隨身攜帶手機，讓他人隨時聯繫上我們，就可能被認為不重視他人的感受。這種期望使我們深陷智慧型手機的困擾。此外，智慧型手機之所以被稱為智慧，是因為它不僅具備通話功能，還擁有小型電腦的功能。只要手機在手，我們就可以隨時點開電子信箱或簡訊。每當我們完成一個目標，大腦就會釋放一些多巴胺，這與成癮和獎勵機制有關。因此，當我們看到手機時，內心就會渴望打開它，檢查信箱或簡訊，以獲得再次完成任務的滿足感。

神經科學家發現，即使不打開手機，只要受到提示，大腦仍會釋放多巴胺這種神經傳遞物質。多巴胺不僅影響獎勵系統，還會影響動力和注意力。因此，當多巴胺耗盡時，我們就會感到疲倦且難以集中注意力。瞭解這些腦科學知識後，為了避免過度消耗多巴胺，我們可以嘗試減少手機使用時間。同

時，在提升專注力的過程中，也需要消除分散注意力的提示。例如，將手機放在看不見的地方或調成勿擾模式。

為了避免大腦對智慧型手機產生依賴，我們可以培養每天僅檢查電子信箱幾次的習慣。透過減少檢查次數和固定檢查的時間，我們可以避免大腦過度釋放多巴胺，進而避免沉迷於不斷檢查信箱而無法自拔。

此外，以下幾個小技巧也可以幫助我們提升學習過程中的注意力。首先，在日常生活中要盡量避免會損害前額葉皮層功能的活動，例如少喝酒並保持足夠的睡眠，以免形成不良習慣。其次，通過正念冥想的練習，我們能夠培養自我專注的能力。進一步地，瞭解並明確內在前額葉真正追求的目標，有助於提升大腦的注意力集中程度。

另外，在時間管理方面，我們需要知道大腦的專注力在早晨最為集中，隨著時間的推移逐漸減弱。因此，在安排需要記憶力的任務時，最好將最重要的事項安排在注意力最好的時段。當然，我們也應該考慮到每個人的生理節奏可能不同，有些人可能更適合晚上進行較高注意力的工作，他們可能是所謂的「貓頭鷹型」人群。

綜上所述，這些小技巧可以幫助我們在日常生活中提升注意力，從而更好地進行學習和專注。

多感官的輸入體驗

　　記住事情和有能力回想起來是兩種完全不同的技能。你是否曾經有這樣的經歷：一個朋友突然問你一個問題，但你無法立即回答，覺得自己忘記了。然而，某一天當你經過某個街角時，突然想起了那件事。這種情況下，你可以更確信大腦的記憶庫是非常龐大的。重要的是，在需要時我們能夠快速且正確地檢索所需的資訊。

　　因此，提升檢索能力至關重要。神經心理學的研究發現，通過多感官的輸入體驗可以提高我們的檢索能力。在記憶的過程中，僅僅死記硬背知識是不夠的，最好能夠運用多種感官來分析、理解並記憶你要學習的內容。透過多感官體驗（如圖像、聲音、實際接觸等），結合真實經驗和具體例子，我們的知識不僅能夠存儲更長時間，還有助於日後提取資訊。

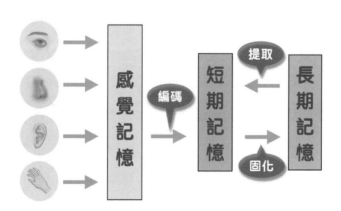

舉例來說，在英文課上，我們可以透過演說、戲劇和辯論來學習文本。同樣地，在數學課上，不僅僅要讓學生解題，還可以引導他們找出解題過程中的錯誤，或者使用電影和圖像的方式，啟發學生以圖像思考的方式探索數學概念。透過多樣的學習方式，能夠刺激更多腦區，使學習效果最大化。

　　你可能也曾經嘗試過臨時抱佛腳的經驗。短期臨時抱佛腳有時可以幫助你應付測驗，但從腦科學的角度來看，要長期記住所學知識，就需要以不同的方式接觸知識（例如故事描述、圖像記憶、親身體驗等），然後將概念進行分類和歸檔到大腦皮質中，以建立良好的資料理解和提取基礎，以便日後能夠快速提取和應用。

　　此外，與他人建立聯繫，通過合作強化神經網絡，也可以增強我們的記憶能力。根據神經科學家的研究發現，當人們合作時，大腦的前額葉網絡會更活躍，該區域負責理解他人思維和社交互動。因此，通過合作學習，可以同時啟動學習和社交兩個腦區，這是一種非常有效的學習方式。

　　在學習過程中，多種感官刺激有助於我們建立更多、更穩定的神經模式，因為每個感官系統都擁有專屬的神經細胞和神經路徑。因此，同時運用多個感官系統可以激發更多的神經細胞，從而協助大腦建立更多、更強大的連結。

　　值得特別一提的是，在不同的感官刺激中，我們對視覺圖像的記憶比文字記憶更深刻。這是因為視覺區域與空間記憶密切相關。在人類的演化過程中，空間記憶對祖先的生存至關重

要。因此，我們的祖先並不需要大量記憶抽象的名詞或數學公式，而是需要記住回家的路線或找到食物而不中毒的地方。隨著長時間的演化，我們的大腦逐漸擅長記憶和處理與空間和視覺相關的資訊。

有效做好知識的分類

在電腦中，我們可以輕鬆地將資料存儲在同一個磁碟區域，並隨時刪除它。然而，人類的記憶系統與電腦的儲存方式有所不同。當我們學習新知識或技能時，大腦會將相關資訊按不同的類別進行分類，例如形狀、感受、動作和特質，然後將它們存儲在不同的腦區。

然而，在學習和記憶的過程中，我們常常忽略了合理分類的重要性。將要記憶的內容進行適當的分類對於有效的記憶非常關鍵。這樣做不僅有助於組織我們外在世界的多樣性，還能提高大腦提取相關記憶的聯想能力。

與無秩序和混亂的資訊相比，大腦更喜歡處理有組織、有秩序的資訊。在現代社會中，我們每個月需要處理和記住的資訊量可能遠超過兩千多年前統治國家的漢武帝一生所需的資訊量。在這個資訊爆炸的時代，我們經常只是簡單地獲取資訊，卻不習慣去記住這些訊息。久而久之，我們就開始忘記訊息，記憶力下降，這是現代社會特有的問題。為了增強學習和記憶能力，我們需要有意識地運用腦科學的方法，將資訊有效轉化

為記憶，適當地分類並儲存在特定的腦區，以方便將來提取。

從腦神經科學的角度來看，大腦的工作記憶容量是有限的。一般來說，我們只能記住七加二個訊息單位，例如數字、文字等。要有效利用大腦的工作記憶，關鍵在於構建概念組塊。組塊是將獨立的資訊點結合成有意義的概念。在學校或閱讀時，我們經常接收到零散的資訊點。因此，構建概念的關鍵是將這些點連接在一起，就像背英文單詞時將字首、字根和字尾結合成新的有意義的單詞。構建概念可以通過因果關係、持續性和程度等方式進行。重要的是要知道該概念是在什麼情境下建立的，也就是該學科領域處理問題時使用該概念。這樣，當我們再次面對問題時，就不需要重新回想每個知識點，而是可以直接回想整個概念組塊。

通過了解大腦如何有效學習和記憶，我們可以更好地應用神經心理學於日常生活中的自我照顧和諮商。透過適當的資訊分類和構建有意義的概念組塊，我們能夠提高學習效率、加強記憶能力，並更有效地應對各種挑戰和問題。

運用類比法

類比法是一種透過隱喻方式來理解新概念的方法。在我們理解新概念時，隱喻扮演著重要的角色。例如，佛洛伊德用冰山來比喻意識和無意識之間的關係，物理學教師可能使用水流來比喻電流。通過將新思想或事物與我們已經熟悉的事物聯繫

起來，我們能夠理解和解釋它們。

因此，尼采的著作中可以找到許多隱喻，因為他試圖傳達前所未有的思想。科學界也經常使用各種模型和隱喻，這些模型和隱喻幫助我們更快地理解新事物。物理學家費曼是類比法的大師，他認為只有能以淺顯易懂的方式向一個12歲的孩子解釋所學知識，我們才能真正掌握該知識。

費曼的方法有兩個好處。首先，它迫使我們用自己的話語解釋知識，而不僅僅是複製教科書上的信息。透過轉換的過程，我們能夠將已有的知識與新學習的知識建立聯繫，這樣更容易牢記並產生新的洞察力。其次，這種方法讓我們能夠從神經心理學的角度簡化、分解事物，並深入探討其原始結構。

透過運用類比法，我們可以將複雜的神經科學概念轉化為容易理解的形式。

善用回想

記憶對於學習一直是心理學中的重要研究課題之一。很多人相信透過反覆閱讀同一本書並劃重點可以增強記憶效果，但事實其實不盡如人意。單純地閱讀和手部活動並不能真正增強大腦的記憶功能。為了更深入了解閱讀對記憶的影響，心理學家在2011年進行了一項研究。這項研究將兩組學生置於相同的閱讀時間內，其中一組僅使用回想來幫助記憶，而另一組則使用反覆閱讀。在考試前，重複閱讀組的學生對自己的學習效果

更有自信，而回想組的學生則擔心考試會是一場災難。

　　然而，在小測驗中，回想組的成績完全超越了重複閱讀組的學生。這個實驗表明，使用不同的複習方法可能對學習效果產生不同的影響。研究人員認爲，透過回想的方式可以幫助學生更好地記憶和理解所學內容，並且能夠更快地轉化爲長期記憶。相比之下，反覆閱讀可能只是一種表面的學習策略，無法眞正深入理解內容並將其轉化爲長期記憶。因此，透過回想來幫助學生學習和記憶內容是一種更有效的學習策略。

　　那麼，爲什麼透過回想來幫助學生學習和記憶內容是一種更有效的學習策略呢？從腦神經科學的角度來看，有兩個原因。首先，與記憶相關的痕跡有淺度和深度之分，而透過回想來學習的記憶痕跡更爲深刻。相比之下，透過重複閱讀學習的記憶痕跡相對較淺。其次，當我們試圖回想某段資訊時，如果感覺越困難越費勁，這段資訊在大腦中的標籤就越重要。相較於其他記憶，這段資訊會更加鞏固，成爲記憶中的優先順位。

　　在記憶過程中，主動回想是一種良好的習慣。在日常生活中，我們可以在課程結束後花幾分鐘的時間，自己出一張以簡答題爲主的考卷。相較於選擇題，簡答題可以有效避免熟悉度對記憶的影響。每天結束前，養成寫下當天所學新知識的習慣，特別是那些以前不知道的事情。睡眠有助於鞏固記憶，因此隔天再完成考卷是一個不錯的選擇。此外，每週即將結束前找時間回想一下這一週所學新知識。如果你是學生，重點放在學校課程上；如果你是某個領域的工作者（例如醫生、工程師

等），則可以將重點放在專業領域上。但切記不能拿出課本或筆記參考，因爲這項方法旨在讓我們主動檢索記憶，從而刻畫出更深刻的記憶痕跡。透過這種主動回想的練習，有助於訓練大腦的記憶和學習能力。

善用回想這一學習策略，不僅可以提升記憶效果，還可以幫助我們更好地理解和應用所學的知識。讓我們在日常生活中善用回想，培養良好的記憶習慣，提升學習和自我照顧的效果。

重複且分散的學習

在成長的過程中，我們常常被灌輸著「持續努力才能成功」的觀念。而研究也驗證了這個道理。透過反覆提取和練習已學到的知識，可以使大腦神經迴路更加穩定。爲了讓記憶更持久，需要有更多的神經細胞參與記憶的形成。

舉個例子來說，當你初次學習一個新的數學公式時，大腦可能只動用了100個神經細胞來記錄它。然而，隨著多次練習，當你再次熟悉這個數學公式時，可能就有10000個神經細胞參與其中並記錄相關資訊。當更多的神經細胞參與同樣事件的記錄時，這個記憶就變得更牢固，更不容易被遺忘。

曾有一本名爲《一萬小時定律》的書提到，「天才」成爲「天才」的關鍵不在於與生俱來的天賦，而是經過長時間的持續訓練。只要在某個領域花費一萬小時的努力，任何人都有機

會成為專家。然而，你可能不知道的是，在這個學習過程中，單純的重複練習可能還不夠。你需要更多了解腦科學，才能更有效地安排重複練習的策略。

　　與集中學習相比，分段學習的效果更佳。以一個大型考試為例，其中涉及數學、英文、物理和化學等科目，你可以合理安排學習時間。假設你需要花費10個小時學習英文，而不是連續安排10小時的英文學習，你可以將這10個小時分成多個小段的學習時間。根據大腦記憶的原則，最好在學習後的一段時間內複習已記憶的知識，同時加入一些新的資料。這種分段學習方法對於大腦來說更有助於牢固記憶。

　　如果你想在某個領域學習得更好，就必須給自己足夠的時間，讓大腦的神經連結有機會加強和鞏固。就像蓋磚牆一樣，每天只需鋪上一點水泥，讓它們有時間凝固，而不是在短時間內灌入大量的水泥，否則建造出來的東西可能會歪斜不平。簡單來說，一旦你理解了某個概念，先學習其他的東西，等到以後再回來複習已學會的概念。這種學習方式可以讓大腦更好地吸收和記憶知識。

　　透過重複且分散的學習，我們可以提高學習效果和記憶的牢固性。了解這些神經心理學的原理，將其應用於日常的學習中，將有助於我們擁有超強記憶的能力。

犯錯是記憶的好時機

　　根據神經心理學的研究，當人們回答問題正確時，大腦的活動相對較少。然而，當人們回答錯誤時，大腦的電流活動會增強，這表明大腦的學習過程需要一個成長的機會。我們的大腦通過神經訊號的傳遞來運作，而神經纖維的髓鞘作為一種包覆物，可以增強神經訊號的傳遞速度，提高思考和行動的靈活性。此外，當我們犯錯時，壓力會激活大腦中的杏仁核，而適度的杏仁核活動有助於更有效的學習。因此，當大腦感到某些事情困難時，這正是大腦成長的絕佳機會。

　　經過上述關於腦科學的概念的了解，我們可以運用神經心理學的方法來提升記憶能力。其中包括自我測試和重複閱讀等方式。與單純的重複閱讀相比，自我測試更有助於大腦的成長，因為自我測試能夠促進大腦神經迴路的發展，而重複閱讀則無法提供犯錯的刺激。

　　透過這些神經心理學的方法，我們可以更有效地提升自己的記憶能力。透過不斷地挑戰自己，讓大腦處於錯誤和困難中，我們能夠啟動大腦的學習機制，進而提升我們的記憶力和認知能力。

見賢思齊

　　在提升記憶和有效學習方面，我們可以有意識地與學習能

力較強的人多互動。俗話說「近朱者赤，近墨者黑」，從神經科學的角度來看，這句話非常有道理。當我們與學習能力較強的朋友互動時，我們能夠觀察到他們的行為方式，使我們的大腦進入更高效的學習狀態。

透過觀察他人的行為與思考方式，我們可以在學習和記憶方面獲得啟發。這種「見賢思齊」的觀念在神經心理學中可以解釋為鏡像神經元的作用。鏡像神經元是一種特殊的神經元，它們能夠將他人的動作、意圖和情感轉化為自己的內在體驗，使我們能夠迅速理解他人的意圖並感受到一種共鳴的感覺。

這種觀察和模仿的過程可以幫助我們學習他人的學習策略、思維模式和解決問題的方法。當我們與學習能力較強的人一起學習時，我們可以注意他們的學習習慣、時間管理技巧和學習目標的設定方式。這樣做可以激發我們的大腦產生類似的腦功能狀態，從而提升我們的學習效果。

搭配運動

運用神經心理學於提升記憶能力，可以帶來許多益處，其中，搭配運動是一個重要的方面。透過研究腦神經科學，我們了解到大腦在演化過程中需要運動的原因。

我們的祖先生活在充滿肉食動物的自然環境中，為了生存、繁衍後代，甚至躲避敵人的追逐，每天需要長距離行走。這樣的生活方式對我們的大腦留下了運動的基因痕跡。

研究表明，運動可以增加大腦腦細胞的氧氣供應，並提供豐富的營養素，如腦源神經營養因子。這些對大腦的滋養直接增強了形成記憶的海馬迴和儲存記憶的腦皮質之間的聯繫。此外，運動還可以增加突觸間神經傳遞物質的濃度，從而使信息更有效地傳遞。因此，經常運動的人不僅具有更高的學習動機，還能夠獲得更好的學習效果。

　　此外，運動還可以增加多巴胺的分泌。多巴胺不足通常會導致尋求更多刺激的行為，並容易出現注意力不集中的問題。如果我們希望擁有更好的注意力，早晨起床後進行約20分鐘的運動是一個不錯的選擇。運動能夠促進大腦多巴胺的分泌，從而為我們提供全天的良好注意力和專注力。

適度休息

　　長期壓力對我們的記憶力產生負面影響，因此在日常生活中適度休息至關重要。當我們面臨壓力時，身體會進入警戒狀態，並釋放出一些神經傳遞物質，這些物質可以幫助我們應對危險。這些神經傳遞物質在短期內對我們非常有幫助，但是長期下來，它們也會對我們的腦細胞造成損害，有些甚至無法再生。因此，長時間處於壓力下的人可能會發現自己的記憶力不如平常。

　　首先，讓我們討論一下在學習過程中安排短暫放鬆的重要性。也許你有過這樣的經驗：在思考一個問題或解決一個困難

時，你一直努力思考，希望能夠產生新的想法，但是卻發現自己越努力思考，思路越容易被卡住。這是因為我們的大腦在持續思考同一個問題一段時間後會逐漸失去靈感。這時，你所需要的不是繼續努力思考，而是先放下目前的問題，主動轉移注意力，暫時出去走一走或休息幾分鐘。稍作休息後，再回來處理原來的問題，往往能激發大腦產生嶄新的想法。

我們的大腦前扣帶迴負責注意力的控制，它有著能量的限制。每次進行記憶、思考和判斷等認知活動都會消耗前扣帶迴的能量。但好消息是，儘管前扣帶迴容易疲勞，它也很容易再次充電。只要你走出室外，最好是到大自然綠樹環繞的地方，呼吸新鮮空氣，就能有效地恢復我們的注意力。

此外，大腦的注意力在持續約數十分鐘後往往會開始分散。為了保持注意力並提高學習效果，我們需要幫助大腦重新專注。因此，在安排學習時間時，不建議連續幾小時專注於同一件事情，特別是當你正在學習新知識或技能時。根據大腦最有效運作的原則，最好的方法是分段學習，給大腦機會消化新吸收的知識。

番茄鐘工作法是提高記憶力的一個很好的例子，它由義大利人弗朗切斯科·奇里洛（Francesco Cirillo）提出。這種方法以25分鐘為一個基本單位，每次只專注於一項任務，並在這段時間內關閉所有手機通知和分散注意力的視窗。25分鐘結束後，給自己休息5分鐘。在休息期間，避免做複雜的任務，讓大腦得以休息，以免分散過多的精力。舉例來說，在休息時，你

可以聽音樂、上廁所或喝水等簡單的活動。

　　現代人常常對閒暇時間感到害怕，一有空閒就習慣性地拿起手機，好讓自己與這個世界保持聯繫，深怕被遺棄。然而，長時間處於資訊風暴中，容易使大腦疲勞不堪。從腦神經科學的角度來看，適度的放空反而有助於整理大腦，提升記憶能力。

　　讓我們來探討睡眠對學習的重要性。對於我們身體的大部分器官而言，睡眠等同於休息。然而，對於大腦而言，睡眠不僅僅是休息的時候，因為在我們入睡期間，大腦還需要完成許多重要的工作，其中之一就是固化白天所學的內容，使之進入長期記憶區域。良好的睡眠對於記憶的穩固至關重要。如果我們希望提升大腦的學習和記憶能力，充足而質量良好的睡眠是不可或缺的。

　　神經心理學的研究顯示，睡眠在記憶鞏固的過程中起著重要作用。在學習或訓練之後，高品質的睡眠能夠增強學習轉化為長期記憶的效果。或許你也有這樣的經驗，短期熬夜讀書可能能應付考試，但因為缺乏充足的睡眠，所學的內容僅停留在海馬迴的短期記憶中，無法儲存到大腦皮質的長期記憶庫，幾天後便會全部遺忘。

增強說服力的祕訣

在腦科學和心理學的交集中，我們深入研究了人腦中的兩個關鍵決策系統：情緒腦和理性腦。情緒腦負責控制與情感相關的行為，例如恐懼、害怕、食慾和性慾等本能反應。這一系統受到大腦內部的邊緣系統調節，使我們能夠快速回應外界需求，但通常不考慮長期後果，而是立即行動。另一方面，理性腦負責處理工作記憶、認知彈性和注意力等任務，並與我們的理性思考相關，主要位於大腦的前額葉區域。

儘管人們普遍相信決策是基於理性思考，但神經科學家的研究發現，情感系統實際上對我們的決策影響更大。如果說服信息無法觸發情感系統，它將無法對我們產生任何影響。通過運用神經心理學的知識，我們可以提升自己對他人的影響力，特別是在教育和諮商領域中，我們能夠更有效地幫助他人。

首先，在設計說服資訊內容時，著重關注對方關心的問題是至關重要的。這是因為情緒腦在尋找與自身生存相關的資訊時，會特別專注於這些問題。只有針對對方所關心的問題進行說服，我們才能增加說服資訊對情緒腦的影響力。

要讓對方做出決策，除了提供具有說服力的資訊外，還需要喚起他們的情緒反應。情緒反應在決策過程中扮演著重要角色，尤其是負面情緒對決策的影響更為強烈。儘管正面情緒對情緒腦的影響相對較小，但正確運用時仍能增加說服他人的能力。因此，在說服他人時，我們可以透過對話喚起對方的害怕

或擔憂情緒，先激活他們的杏仁核，然後再描繪美好的願景，讓對方產生期待，進一步激活他們大腦中的伏隔核。遵循情緒腦的運作模式，我們可以有效提升對他人的說服力。

另外，從神經科學的角度來看，我們了解到情緒腦對於大量的文字信息處理能力有限。過多的文字資訊無法有效激發情緒腦的注意力和情感，往往容易被忽視，無法觸及理性腦。相較之下，圖片比文字更能夠激發情緒腦的注意力和情感，進而更容易被理性腦接收、分析和處理。因此，當我們想要說服他人時，最好使用簡單明瞭的圖片來替代冗長的文字。從神經科學的角度來看，圖像能夠透過視覺刺激引起大腦多個區域的活動，並且能夠喚起大腦中情感和意義的反應，從而提高信息解讀的效率。

接著，在說服他人的過程中，講故事是一種極其有效的技巧。講故事是人類獨特的能力之一，與其他動物不同。我們在童年時期經常聽到各種格言，例如「半年不讀書，顧影疑非我」、「有田不耕倉廩虛，有書不教子孫愚」等，但大多數已經被我們遺忘。相較於格言，我們對於曾經聽過的故事印象更加深刻。為什麼會這樣呢？從神經科學的角度來看，故事比格言更為有效，因為故事更具吸引力，能夠更好地吸引他人的注意力。當人的注意力被吸引時，大腦的前扣帶迴區域將會被啟動，這個區域在情感處理、共情和意義的理解上起著重要的作用。

此外，故事比格言更容易讓人產生共鳴，因為故事能夠創

造生動的畫面，更容易調動各種感官知覺。當我們聽到一個好的故事時，我們的感官知覺會被喚起，這些感官知覺在我們提取記憶時起著關鍵作用。換句話說，使用講故事的方法來說服他人比使用格言更有效。

一個好的故事能夠喚起對方情緒腦的活性，使其相信故事是真實的，進而影響他們的行為。要講一個好故事，需要給對方創造視覺、聽覺、嗅覺、味覺以及運動感知等各種感官體驗。當你透過增加細節來豐富聽者的感官體驗時，故事的效果將更加出色。此外，將神經心理學應用於講故事可以幫助聽者更容易理解和記憶故事的內容。

最後，根據神經心理學的研究發現，情緒腦在記憶學習過程中更容易偏向記住起始和結束階段的內容，而忽略中間的細節，這就是所謂的「序列效應」或「記憶序列效應」。這個現象提醒我們，在與他人交流時，如果想要有效地影響他們，我們應該將關鍵資訊安排在開頭和結尾的位置，同時保持說話內容的簡明扼要。

總的來說，透過神經心理學的觀點，我們了解到情緒和理性是互相交互作用的，而透過對情緒腦的刺激，可以提高人們對資訊的記憶與接受程度，進一步提高他人接受你所提出觀點的機會。為了增強說服力，我們應該專注於對方關心的問題，運用簡單的圖片代替大量文字，運用講故事的技巧吸引對方的注意力，創造豐富的感官體驗，以及將關鍵資訊安排在開頭和結尾的位置。這些方法將有助於提升提升說服他人的效果。

發揮內向者的優勢

　　內向的人經常面臨著在交流中的挑戰，例如和陌生人交談、在人群中開口說話，或者在吵雜的環境中感到疲憊等。相對於外向的人，內向者經常被貼上「脆弱」和「懦弱」的標籤。然而，事實上，即使是表面上看起來很外向的人，他們的內心也可能是脆弱且敏感的。換句話說，內向和外向並沒有優劣之分，就像性別一樣，不存在價值的高低差異。通過深入了解內向者的神經科學，我們可以幫助他們充分發揮內向者的優勢。

　　內向和外向的差異與大腦的神經傳遞物質和神經迴路密切相關。內向者的大腦迴路比外向者更長且複雜，主要涉及內部體驗，這使得內向的人更加注重內在感受和思考。相反，外向者的大腦主要處理外部刺激，使他們更加關注外部刺激和社交互動。由於內向者的大腦迴路更長，他們的反應速度較慢。當他們被問及問題時，他們需要花更多時間思考和回答。相比之下，外向者可以快速作出回應，這種差異主要取決於大腦神經迴路的長度。

　　另一個解釋內向和外向性格差異的原因是大腦對多巴胺敏感度的差異。多巴胺是一種重要的神經傳遞物質，與運動動機、快感和興奮有關。內向者對多巴胺的敏感度較高，因此只需少量多巴胺即可感到快樂和充滿動力，而外向者需要較多多巴胺才能產生相同的感覺。由於多巴胺通常通過刺激釋放，外

向者通常喜歡尋求刺激，而內向者則不需要太多刺激。這種差異導致內向的人不太喜歡在人多或吵雜的環境中，因為他們對刺激的耐受性較低。相反，外向者喜歡尋求刺激和冒險，對於燈光、聲音等刺激的容忍度較高。

內向者和外向者在自律神經方面存在差異，而自律神經控制著我們的自主功能，包括交感神經和副交感神經。交感神經負責興奮反應，而副交感神經負責鎮定和放鬆反應。研究發現，相較於外向者，內向者對副交感神經反應更強。這表示內向者更容易進入一種放鬆和鎮定的狀態，而外向者則更容易進入一種興奮和活躍的狀態。

內向的性格並不是一個弱點。在現代科技發達的社會中，內向的性格也可以成為一種優勢。在通訊技術尚未普及的年代，外向者在許多社交方面可能具有優勢，因為人們主要透過面對面的交流進行互動。然而，隨著視訊、電子郵件等通訊技術的發展，非面對面的工作方式變得普及，內向者也因此不再處於劣勢。接下來，我們將探討神經心理學如何幫助內向的人充分發揮他們的優勢。

從神經科學的角度來看，內向的人喜歡獨處和沉思。獨處能夠幫助他們減少過度的緊張感，同時提供時間讓他們回憶過去和幻想未來。這種想像活動對他們來說是一種輕度刺激，能夠帶來愉悅感。相比之下，過於刺激的活動，像是旅行或拜訪親友，可能會讓內向的人感到疲憊。當他們感到疲憊時，最好的解決方式就是獨處，這能夠讓他們擺脫人際關係的壓力，並

且快速恢復精力。因此，獨處對於內向型性格的人來說，是實現身心健康平衡的重要一環。

在歷史上，許多創作者年輕時都培養了獨處的習慣。獨處讓他們擁有大量的時間來思考和追求自己真正感興趣的事物。例如，諾貝爾獎得主瑪麗居禮一生都不喜歡與人交往，也不太喜歡參加社交活動。愛因斯坦在童年時期也不喜歡和同齡的小孩玩耍，個性沉默寡言，專注於靜態活動。

然而，內向的人並不是每天都喜歡獨處，有時候他們也會表現出外向的特質。內向和社交恐懼是不同的，內向的人同樣需要與他人交流。當他們與親密朋友在一起，或討論自己感興趣或內心深處的話題時，他們就會變得開朗活潑起來。因此，在與內向性格的人互動時，我們要記得減少閒聊的時間。對於內向的人來說，閒聊可能會消耗他們大量的精力。此外，內向者的動力主要來自內心。建議在與內向的人交談時，避免參與無意義的場面談話，因為這些社交詞語可能會讓他們感到乏味。相反，我們可以關注他們的興趣，這樣他們就有更多話題可以發揮，這對於建立良好的人際關係非常有幫助。值得一提的是，儘管內向的人可能不擅長在大眾面前演講，但他們擅長進行一對一的深入社交溝通。對於內向者而言，通過一對一的溝通方式不僅可以減少不必要的社交壓力，還能夠發揮他們的優勢，以更有效的方式進行溝通。

另外，內向和害羞並不是同一回事。雖然內向的人可能表現出害羞的行為，例如不善於閒聊和喜歡避開刺激，但這並不

意味著他們容易害羞。將自己視為害羞的人會限制內向者的社交能力。從腦科學的角度來看，害羞通常是大腦對社交情境的反應過度，引起焦慮和不安。相比之下，內向更多地是一種性格傾向，更傾向於自我反思和避免過度刺激。了解內向者的特點和需求，可以幫助他們更好地發揮潛力，而不是試圖改變他們的性格傾向。

內向不僅影響人際溝通，也會對工作場所的表現產生影響。相對於外向的人，內向的人不容易受到外在獎勵的誘惑，不容易陷入賭博等陷阱，並且更謹慎地做出決定，因此他們更適合從事理財工作。內向的人通常冷靜自持，這可能是因為他們經常進行自我檢討，不容易受到外在環境的影響。股市投資大師巴菲特就是一個很好的例子。此外，內向性格的人在工作中具備許多潛在優勢，例如良好的記憶力和對事物的深刻認識。儘管內向者的大腦神經迴路較長，處理資訊需要更多時間，但也因此能夠更深入地思考問題。內向者可能在大型團體中表現得稍微不如外向者那樣樂觀和外放，但在小組討論或需要深入思考的工作中，他們可能更有優勢。

最後，對於內向的人來說，創造一個有助於保持專注的工作環境是提高工作效率和品質的關鍵。內向的個體對於外界刺激的敏感度較高，因此需要更長的時間來集中注意力。如果無法專注，內向者就難以發揮他們的能力。因此，在開始工作之前做好準備非常重要。清除不必要的刺激是至關重要的。在工作時，建議選擇一個安靜的地方減少干擾，也可以整理辦公

桌，避免雜物影響視線。這樣可以幫助內向者感到更加輕鬆和專注。

　　總的來說，在不同的環境刺激下，個體的大腦神經迴路會被激活，不同的神經迴路對應著不同的行爲和反應。因此，內向的人如果能夠理解自己的行爲背後所激活的神經迴路，就可以協助自己善用天生獨特的思考、學習和社交方式，這將有助於在人際溝通、職業選擇和工作表現中展現獨特的優勢。

職場達人的成功心法

　　成爲各行業的專家絕非一蹴而就，這需要長時間的學習和持續的努力。無論您學習的是什麼，都需要堅持不懈地練習，直到達到關鍵的轉折點。這種轉變就像水在達到100度時從液態轉變爲氣態一樣。在這一刻，您的學習將會有質的飛躍。根據神經科學的研究，大腦具有神經可塑性，可以改變其結構和功能。這意味著學習不僅可以形成新的神經迴路，還可以影響大腦的神經結構。因此，爲了實現這種質變，您需要給自己足夠的時間進行反覆的練習。只有通過持續的努力，您才能進入到更高的學習階段，並提升自己的技能水平。

　　從神經科學的角度來看，成爲某項技能的達人的基本要素就是反覆練習。當您達到足夠的熟練度時，大腦的神經迴路會形成習慣性的痕跡，使動作變得自動化。研究還發現，當達人執行他們的專業技能時，他們的大腦實際上非常安靜，因爲動

作已經變成無意識的反射動作。這種無意識的自動化動作使他們的大腦皮質可以專注於其他事物，同時也讓他們的大腦更輕鬆地進行更高層次的創造性工作。

要在職場上展現出成功的表現，除了需要持續地精進技能，還可以從神經心理學的角度來思考，並採取相應的策略。以下是一些建議，可以幫助你提升職場能力。

第一個建議是，追尋具有創意的任務。挑戰自己並追求具有創意的任務，這能激發你的熱情和興趣。選擇一些稍微超出自己能力範圍的挑戰，這樣可以刺激大腦釋放正腎上腺素，進而激發你的潛能。但要謹記不要超過自己的負荷能力，過度壓力會消耗精力，對有效學習造成影響。適度的壓力有助於提高學習能力和工作表現。

第二個建議是，早上首要處理重要事務。當你早上起床後，儘快處理最重要的事情。這是因為在早上起床後，我們的大腦多巴胺水平相對較高，此時進行一些較為困難的活動，例如學習新技能或培養新的愛好，會更容易獲得樂趣和成就感。相反，如果先從一些能夠迅速釋放多巴胺的活動開始，再轉向困難的任務，可能會感到更加困難和乏味。

第三個建議是，避免分心。不要同時做太多事情。大多數人無法同時集中注意力於多個任務，因為大腦需要不斷轉換注意力。這樣的快速轉換不僅會降低工作效率，還會消耗更多腦部能量。因此，在工作和學習時，將注意力集中在一件事情上，可以大大提高效率。

第四個建議是，定期為自己安排深度工作的時間。成功的職場專家都有一個共同的習慣，那就是給自己專注進行深度工作的時間。這種方式可以提高效率和創造力，同時增強專注力。深度工作源自神經心理學，它指的是當我們全神貫注地投入某項任務時，能夠進入一種被稱為「心流」的狀態。

　　深度工作對於學習新知識、解決複雜問題、創造價值以及事業發展都是不可或缺的要素。要進行深度工作，我們需要高度專注並避免干擾的存在。這些干擾可能來自外部環境，例如社交媒體或通知提示；也可能來自內在的心理狀態，例如焦慮、壓力或缺乏動機。因此，無論你是想要學習一門新技能、解決一個棘手的問題，還是提升自己的事業，深度工作都是必不可少的，你必須全神貫注，沒有任何干擾。

　　那麼，如何進行深度工作呢？這裡有一些值得一試的方法。首先，在你的行程表中安排一段固定的深度工作時間。在這段時間內，你必須給自己設立界線，遠離分散注意力的事物，並盡可能消除一切干擾。告訴自己，在這段時間內，你專注於完成一件事情。

　　刻意地安排一段固定的深度工作時間還有一個好處，那就是你不需要等到有動力的時候才開始，因為你已經事先安排好了。只要時間到了，你就可以專心進行深度工作。經過一段時間後，大腦中的基底核將接管這種行為，使之成為一種習慣。此外，人們在相同的時間和環境下表現出相似的行為模式，這些行為模式有助於大腦更容易進入深度工作狀態。

從神經心理學的觀點來看，當我們專注於某項任務時，大腦會產生一種叫做「髓鞘」的白色組織，它包裹著神經元，使得訊息能夠更快速、更順暢地傳遞。相反地，當我們分心或心煩意亂時，大腦的多個迴路同時運作，導致神經元之間的訊息傳遞變得緩慢且不連貫，這將大大降低我們的工作效率。因此，進行深度工作並刻意練習，可以使特定腦區的髓鞘變得更爲豐厚，使我們能夠更輕鬆地應對複雜的任務。

此外，當我們處於高度專注的狀態時，大腦會釋放一種叫做多巴胺的神經傳遞物質。多巴胺能夠刺激思考能力，提高學習和記憶的效果。因此，保持長時間的高度專注，讓大腦持續受到刺激，對於學習和記憶效果更爲顯著。

第五個建議是，不要一直保持專注的狀態。當我們進行深度工作時，我們的前額葉皮質不斷受到刺激和負擔，這消耗了我們大腦的能量和血糖。當血糖水平下降時，前額葉皮質的活動受限，這導致專注力的下降。因此，爲大腦提供短暫的休息和恢復時間至關重要。這樣的放鬆可以使大腦得到充分的休息，同時增強在需要專注的任務中的持久專注力。

適度的放空還有助於培養創造力，並有助於解決問題。在放空的時候，一些難以解決的問題可能會悄悄地浮現出答案。職場達人除了擁有專業知識和技能外，還需要具備創意思維。當他們將某一領域的專業知識掌握到一定程度時，他們會從直覺出發，不僅僅關注特定的細節，這樣能更好地把握部分與整體之間的關聯。這種能力可以在適當的時候釋放壓力，進入放

鬆注意力的狀態，從而提高創造力。

神經心理學研究表明，注意力和創造力具有專注和發散兩種模式，並且對於不同類型的任務有不同的適用性。專注模式在大腦皮質的前額葉活躍，而發散模式則在頂葉活躍。通過適時地在這兩種模式之間切換，我們可以更有效地解決問題、產生新的想法和進行創新。因此，學會在自己的學習和工作中運用專注和發散模式，將有助於成為職場達人。

歷史上一些知名的職場達人有著自己獨特的發散模式習慣。例如，康德和尼采經常透過散步來尋找靈感。超現實主義畫家達利則以其獨特的方式為人所知，他在椅子上拿著一串鑰匙打瞌睡，待鑰匙掉落的聲響喚醒他，這樣他就能在半夢半醒之間啟發自己的創意。這些都是專注和發散模式之間轉換的典範。

要成為職場達人，還有一個小祕訣，那就是在空閒的時間裡記錄下所有浮現的想法。有時候，一個看似不起眼的想法可能成為你在工作中的關鍵轉折點，這個簡單的動作有助於拓展更多的創意思考。將這些想法記錄下來可以確保它們不會在腦海中消失，同時也可以作為未來參考和進一步發展的基礎。

總結來說，要成為職場上的達人，我們需要深入了解大腦的運作方式，運用專注和發散模式，提高專注力和培養創造力，同時也要給予大腦適當的休息和放鬆時間。記錄和進一步發展浮現的想法可以幫助我們培養創意思維，並追求創新的好點子。

愛情的神祕力量

　　每個人都渴望歸屬感，這是因為在人類演化的過程中，擁有歸屬感的人往往具有更高的生存機會。我們內心深處都渴望被需要和被愛。這也解釋了為什麼我們努力建立親密的關係，特別是愛情關係，它是一種獨特而重要的需求。

　　愛情三角論是由羅伯特・史坦伯格（Sternberg, R. J）教授於1986年提出的一個理論。在愛情三角論中，史坦伯格將愛情比喻成一個三角形，這個三角形的三個角分別代表著親密（intimacy）、激情（passion）、以及承諾（commitment）這三個重要元素。激情，指的是伴侶間的吸引力和浪漫感。

　　親密，指的是伴侶之間情感的連結和共享。通過建立情感連結和分享生活，伴侶可以建立信任和理解，這需要彼此的情感投入和真誠的交流。承諾是另一個重要的元素，指的是伴侶對彼此關係的投入和決心。這可以體現為婚姻誓言、願意為對方付出的態度等。承諾是一種責任感，讓伴侶感受到彼此的支持和依賴。

　　然而，愛情的浪漫感可能會隨著時間的推移逐漸減退。這時候，伴侶關係需要從浪漫轉變為相伴之愛。為什麼伴侶關係需要進行這樣的轉變呢？腦科學的研究為我們提供了一些答案，並且提供了一些有效的關係轉變策略。

　　首先，讓我們探討一下在尋找伴侶的過程中，一見鍾情

的影響。在婚姻中，許多人都會遇到「爲什麼我的另一半總是這樣？」、「爲什麼感受不到他／她對我愛的表達？」等問題，甚至可能因此變得冷淡。根據蓋瑞・查普曼博士（Gary Chapman）長期的研究，神魂顛倒的浪漫戀情的平均壽命只有2年。大多數情侶在戀愛初期非常關注對方的需求，但隨著愛情轉變爲親情，這種關注逐漸消失。

　　一般情侶在熱戀期間，他們的大腦會產生一種充滿新奇感和渴望的狀態，這是由於腹側背蓋區到伏隔核的神經迴路中多巴胺的增加所引起的。尤其在青春期，伴侶的伏隔核對多巴胺更加敏感，這也是性荷爾蒙影響的結果。此外，在戀愛初期，兩個人之間所期待的關係互動通常需要克服一些障礙，而在這種壓力情境下，正腎上腺素的分泌也相對增加。因此，在熱戀期，伴侶的大腦因爲多巴胺和正腎上腺素的交互作用，讓他們感受到激情的產生。

　　然而，隨著時間的推移，兩人逐漸熟悉，新奇感和渴望逐漸減少，這導致多巴胺的分泌減少。此外，兩人之間關係提升的阻礙也逐漸減少，大腦不再需要分泌過多的正腎上腺素來克服這些阻礙。缺乏多巴胺和正腎上腺素的激情刺激，如果希望伴侶關係繼續發展，就需要將浪漫之愛轉變爲相伴之愛。

　　愛情中的相伴之愛相較於浪漫之愛更爲穩定，研究也發現這兩種愛所涉及的大腦活動有所不同。相伴之愛的大腦雖然少了熱戀期間多巴胺和正腎上腺素的激情刺激，但卻能在安全感、掌控感、支持感和依賴感中獲得幸福感，並讓血清素和催

產激素這些幸福的腦激素爲所洗禮。

　　在日常生活中，批評伴侶會帶來負面情緒。當遇到糾紛或意見不合時，我們應該學會表達自己的想法，而不是評價對方。查普曼博士建議我們可以寫下肯定的話語，並將其貼在鏡子或電腦前，或在伴侶的父母或朋友面前稱讚伴侶，這樣能讓對方感受到被欣賞，進而分泌血清素這種幸福的腦激素。

　　在婚姻和愛情的維繫中，精心設計的對話也起著重要作用。因此，我們應該有意識地爲自己和伴侶尋找共同約會的時間，並設計一些有深度的對話。坐在對方身旁，帶著同理心眞正地聆聽對方，不只是提供解決方案，而是眞實地理解對方的感受。這樣做有助於維持婚姻中的愛情。

　　此外，從腦神經科學的角度來看，眼神交流可以促進催產激素的分泌，而身體接觸如牽手和擁抱也能激活C纖維，進而讓大腦感受到與他人連結的情感。這些身體上的感覺和生理反應有助於加深夫妻之間的情感連結，進而促進婚姻中愛情的持久。

　　另外，夫妻間的溝通方式對於維持婚姻關係的品質也非常重要。當我們以指責性的「你訊息」評價對方時，容易觸發對方大腦中的杏仁核，引發防衛或逃避的反應。因此，我們應該改用以表達自己感受的「我訊息」方式來溝通，這樣有助於減少誤解和糾紛的發生。

　　隨著時間的推移，激情的火花可能會逐漸退去，但親密和承諾卻能增強。然而，這並不表示在婚姻中就不再需要激情。

婚姻專家高特曼提醒我們，激情、親密和承諾是相互作用的元素。我們不應忽視每個與伴侶一起探索新事物的機會。當對伴侶的渴望逐漸轉變成平靜的情感時，不必感到驚訝或失望。相反，我們應該積極培養伴侶間的友誼，同時保持新鮮感。這些神經心理學的觀察和應用可以幫助我們理解伴侶關係中的變化，並提供實際的建議。透過了解大腦中不同腦區和相關腦激素的功能，我們可以更好地理解愛情為何隨時間而變化，並學習如何培養穩定而有意義的伴侶關係。

　　總而言之，為了讓婚姻中的愛情持久保鮮，我們需要用肯定的語言來表達對伴侶的重視，適時表達自己的想法，注意溝通方式，並規劃一些活動和計畫來讓彼此感到被珍視和關心。激情可以促進親密感，而親密感可以增強承諾，而承諾又能進一步滋養激情和親密感覺的循環。

高效親職的指南

　　「幸運的人用童年經驗成就一生，不幸的人用一生來治療童年經驗。」這句話深刻地表達了早期生命經驗對個人的重要性。從神經科學的角度來看，我們的大腦擁有著眾多神經細胞，而這些神經細胞之間所形成的連結網絡，將決定孩子長大後成為何種人。孩子的神經連結與父母的養育方式密切相關。因此，作為父母，您需要思考在孩子的成長過程中，哪些養育方式能夠建立起您所期望孩子成年後保留的神經網絡連結。此

外，藉由了解基本的大腦解剖學、神經傳導物質、神經可塑性、內隱與外顯記憶、青春期大腦的發育以及孩子特有的髓鞘化過程與神經修剪的重要性，與家庭、老師和學校的行政主管合作，將對您有所助益。

在教養孩子的過程中，有哪些神經科學的知識是高效親職必須了解的呢？首先，我們需要明白孩子的大腦在成年成熟之前會經歷兩個關鍵時期，分別是嬰幼兒時期和青少年時期。這兩個時期對孩子大腦的發展有著不同的重點。在嬰幼兒時期，孩子的大腦對父母的養育方式特別敏感；而在青少年時期，孩子的大腦對父母的管教方式有著深遠的影響。

在嬰幼兒時期，運用腦科學的原理來養育孩子非常重要。剛出生的嬰兒視覺尚未成熟，所以他們需要透過與父母的肢體接觸來建立依附關係。在這階段，語言系統尚未完全發展，因此觸覺在孩子的心理發展中扮演重要角色。在我前一本著作《當心理學遇到腦科學（一）：大腦如何感知這個世界》中提到，觸覺可以引發神奇的心理感受。如果父母與孩子之間的肢體接觸不足，孩子的大腦可能會解讀為被照顧者忽略和拋棄的訊息。因此，在養育孩子的過程中，父母絕不能忽視牽手、擁抱和皮膚接觸的重要性。

雖然皮膚接觸在孩子的心理發展中至關重要，但並非每個孩子都習慣這種接觸，有些孩子甚至在父母剛開始接觸他們時可能會表現出不習慣的反應。這種情況可能不僅僅是因為先天的原因，還可能是因為孩子從小缺乏接受觸覺刺激的機會，導

致他們對外界刺激變得比較敏感和不適。對於這些不太習慣與他人有皮膚接觸的孩子，父母可以運用一些小技巧來幫助他們適應。例如，在與孩子互動的過程中，可以玩遊戲般地摸摸他們的手或腳，然後在遊戲進行中不經意地將孩子放在自己的大腿上，逐漸營造出有皮膚接觸的環境，讓孩子慢慢習慣與他人有皮膚接觸的感覺。

除了觸覺外，嗅覺也是一種非常特別的感官。它是五種感官中唯一直接與海馬迴和邊緣系統相連的感官，不需要經過訊號轉遞。嗅覺可以迅速且直接地喚起我們的本能行為和情緒記憶，因此，如果父母經常與孩子保持近距離且有質量的接觸，他們的氣味也可以迅速喚起孩子與他人建立依附關係的感覺。

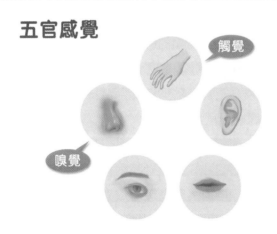

五官感覺

觸覺

嗅覺

從嬰幼兒時期到青少年時期，孩子的腦發育經歷了重要的轉變，而父母在這段時間中扮演著關鍵的角色。青春期是一個令人心跳加速的階段，許多父母都抱怨孩子進入國中或高中後

變得不同了。隨著身體的成長，年輕人開始能夠對周圍的事物做出回應，這時候許多父母可能感到困惑：為什麼我的孩子以前一直這麼乖巧，但進入青春期後就對我發脾氣了呢？

根據腦科學的研究，我們發現青春期是孩子的大腦特別容易受到壓力影響的時期，尤其是涉及到海馬迴、杏仁核和前額葉皮質。前額葉皮質負責我們的理智思考和判斷能力，而杏仁核則是情緒表達和本能衝動的掌控中心。杏仁核可以視為我們對外界危險的感知器官，一旦被激活，就容易切斷理智和情緒之間的聯繫，從而影響情緒的表現。

杏仁核的運作受到海馬迴和前額葉皮質的調控，特別是前額葉皮質可以像踩剎車一樣控制杏仁核的活動。然而，大腦神經細胞的發育需要到20多歲才完全成熟，而前額葉皮質中的神經髓鞘發育較晚。沒有髓鞘的神經細胞在訊息傳遞速度上比有髓鞘的神經細胞慢得多。因此，當我們進入20歲後，大腦前額葉的神經細胞發育完善，其抑制訊號發出速度就可以稍稍跟上杏仁核情緒反應的速度。

從情緒腦到理智腦的神經路徑可以形容為寬廣的大道，而從理智腦到情緒腦的神經路徑則相對狹窄。前者的訊息傳遞速度比後者快得多，再加上兩者發育成熟的時間差異，後者比前者晚約8年左右。這也解釋了為什麼大部分青少年常常在沒有思考的情況下讓父母氣得要命。

在青少年時期，還有一個讓父母常常感到困擾的原因之一，就是他們孩子的好奇心。在動物的演化過程中，大部分物

種在成年時都會離開巢穴，獨立生活。這種行為是為了確保物種的繁衍。好奇心在其中扮演了重要的角色，驅使動物離開舒適的環境。而在青春期的大腦中，好奇心更加旺盛，這是由於物種演化過程中邊緣系統中多巴胺對於性荷爾蒙的敏感性增加。這種演化機制讓青春期的大腦產生了離家的動力。

在青春期，性荷爾蒙的增加刺激了多巴胺水平的提高，這使得青少年充滿好奇心和尋求新刺激的渴望。然而，性荷爾蒙的作用也使得孩子的杏仁核活動增加，導致他們更容易將事物解讀為危險和負面的。還有，青少年的前額葉皮質功能尚未完全成熟，無法適當地監控自己的行為。青少年的顳頂交界區的腦神經發育尚未完成，這影響了心智理論的運作，使得他們難以清晰地理解自己與他人之間的互動。內側前額葉皮質仍在探索自我定位，青少年對於自我追求的方向尚不明確。再加上前額葉皮質神經髓鞘化尚未完全成熟，這導致他們的自我控制能力不夠靈敏。所有這些因素共同作用，使得青春期的孩子更容易失去控制。

此外，隨著網路的普及和疫情的影響，青少年缺乏與人面對面的互動機會，因此也減少了觀察和回饋他人面部表情的機會，這對他們理解他人情緒造成了困難。語言錯誤、用詞不準確或肢體語言的錯誤都可能反映個體某一方面的狀態，這是神經心理學研究的範疇。然而，在非面對面的溝通中，人與人之間會失去許多訊息，如聲調、表情和肢體動作等，這也會影響溝通的效果。這種情況在線上溝通中尤為明顯，因為在社交媒

體上發送訊息之前，人們往往無法再次修改內容。現代的孩子由於疫情和線上非直接面對面的交流比例增加，導致他們的面部表情訓練機會減少。這樣的結果是孩子對於臉部表情的識別能力相對較低，且在人際互動上也會遇到更多困難。

　　現代的孩子和我們當年的孩子有很多不同之處。孩子並非故意惹我們生氣，而是他們的大腦面臨了困難。如果我們不了解孩子大腦的運作方式，與孩子之間的教養容易引發衝突。美國精神科醫生丹尼爾·席格將大腦比喻為上層和下層兩個層次：上層腦包括各種腦皮質區域，負責抽象思維、決策和道德判斷等功能；下層腦由腦幹和邊緣系統組成，負責基本生存功能（如呼吸、心跳和血壓調節），並感知周圍環境是否危險以做出適應性反應。

　　將大腦區分為上層和下層的概念不僅有助於父母理解孩子和自己在行為中哪一層大腦起主導作用，還可以根據不同層次的腦功能概念來應對親子衝突行為。通常情況下，孩子的大腦尚未完全成熟（通常在25歲左右），這個概念可以回答父母在親子衝突中誰應該先控制情緒的問題。相較於成年人，孩子的上層腦發展尚不成熟。因此，要有效地引導孩子，父母需要先管理好自己的情緒。

　　這個觀點幫助父母意識到，當孩子表現出情緒激動或衝動行為時，這往往是因為他們的下層腦系統在主導，而上層腦控制能力尚未完全發展。父母可以透過冷靜和理解，以支持和引導孩子的情緒和行為。同時，父母也需要關注並管理自己的情

緒，以成爲孩子情緒調節和行爲管理的穩定依靠。

此外，這樣的方法也有助於孩子更清楚地認識到自己的大腦特點，並培養自我調節的能力。他們可以更容易地辨識自己當下所處的腦區，並意識到不同腦區在不同情況下的表現和影響。這有助於孩子更好地管理情緒、控制行爲，並適應不同的情境。以下是一些實際應用的建議和方法，這些方法可以由父母或老師來教導孩子。

首先，可以引導孩子理解大腦有不同的層次結構，例如上層腦和下層腦。可以通過簡單的比喻或圖像來解釋這個概念，讓孩子明白自己所看到的成年人或自己，是更多運用哪一個腦區的，是上層腦還是下層腦。這有助於孩子認識到不同腦區對行爲和情緒的影響。

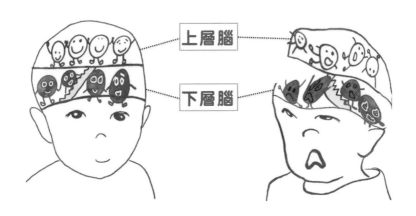

接著，可以與孩子一起為每個腦區起個角色名稱，例如「冷靜的哥哥」、「穩重的姊姊」、「易怒的弟弟」、或是「緊張的妹妹」。這樣的方式可以讓孩子更容易將不同的行為和情緒歸屬到特定的腦區，並與其角色名稱相聯繫。這種認知上的區分可以幫助父母更好地理解孩子的行為和情緒，並更有針對性地進行溝通和互動。

　　了解上層腦和下層腦的基本概念後，現在我們來探討孩子發脾氣的情境，進一步了解如何應用這些概念於親子互動中。作為父母，當孩子發脾氣時，我們首先需要弄清楚孩子的情緒是源自上層腦還是下層腦的憤怒。這是因為針對不同腦區的憤怒，我們需要採取不同的應對策略。

　　如果孩子的情緒是源自上層腦的憤怒，這意味著孩子發脾氣是有意圖的，他能夠控制自己的情緒。一旦他達到目的，憤怒也會迅速平息。例如，孩子要求父母給他買一台手機，但父母不同意，孩子故意發脾氣，假裝哭泣、撒嬌、大聲喧嘩，一直持續到父母屈服，給他買了手機。這種憤怒源自上層腦，聰明的孩子通過憤怒來控制別人。他的憤怒是有意圖、有目的的，他能夠掌控自己的情緒。

　　面對孩子上層腦的憤怒，父母需要以和緩而堅定的態度回應，運用「我訊息」的溝通方式，提供解釋和適當的限制，而不是隨意讓步。儘管隨意讓步可能會讓孩子平息憤怒，解決眼前的問題，但這樣做會讓孩子未成熟的理智腦更多地學習不成熟的應對方式。

因此，我們需要引導孩子以成熟和負責任的方式處理面對挫折時的情緒。這包括幫助他們表達情感、解釋適當的界線和後果，並鼓勵他們尋找建設性的解決方法。這樣的教導將有助於孩子建立良好的情緒調節能力，並在成長過程中逐漸培養成熟的應對方式。在親子互動中，理解腦部功能的不同區域和相應的情緒機制，能夠幫助父母更好地應對孩子的情緒爆發，並引導他們發展健康的情緒管理技巧。

　　如果孩子的情緒如果源自於下層腦區域，他們的發脾氣並非經過理性思考而是本能反應。尤其是在杏仁核激活時，下層腦區域受到杏仁核的支配，上層腦很少有機會介入。這種情況下，孩子的大腦充斥著壓力相關的神經傳遞物質，使他們失去了自我控制的能力。

　　當面對孩子從下層腦湧現的情緒時，父母不應立即進行理性對話，而應思考如何幫助孩子的下層腦區域冷靜下來。若可能，讓雙方先離開衝突場面，因為情緒腦需要一些時間和空間冷卻。此外，幫助孩子冷靜下來的方法是給情緒命名。當我們能夠辨認自己的情緒時，代表上層腦的腹內側前額葉開始介入情緒的理解。腹內側前額葉在調節杏仁核活動時扮演著重要角色，它發出訊號抑制情緒反應，這樣下層腦區域的杏仁核活性就會明顯降低。一旦下層腦區域的活性降低，上層腦才有機會開始進行思考。待孩子的上層腦重新取得主導權後，再與孩子進行理性對話。

　　許多孩子的前額葉尚未完全發育成熟，對於表達抽象情緒

概念的詞彙掌握還不夠好。因此，在這個階段，父母需要更有耐心地引導孩子認識自己的情緒。因爲當情緒能夠被辨識時，上層腦的腹內側前額葉開始參與情緒的理解，進而向下層腦傳遞制止的訊號。當下層腦的活性下降時，孩子不成熟的上層腦區域才有機會開始重新思考。由於神經具有可塑性，通常透過訓練上層腦區域來幫助下層腦區域緩和，這種抑制情緒的神經迴路將變得更爲強壯。這樣，孩子就能在成長過程中發展出更好的情緒調控能力、理性思考能力，並對自己的行爲負責。

神經心理學告訴我們，使用下層腦並不一定是壞事。事實上，是否要使用下層腦取決於當下的情境因素。上層腦和下層腦最好能夠合作。有時候，我們需要下層腦來幫助我們察覺周圍的危險；但有時候，我們需要上層腦來做出明智的判斷和應對策略。

結語一下，在教育孩子之前，父母可以先自問三個問題：「爲什麼孩子會這樣做？」、「我希望教給孩子什麼？」、「怎樣的教育方式最適合孩子？」這些問題有助於孩子運用上層腦和下層腦的概念來理解自己的情緒反應。這種方法能夠讓父母和孩子專注於討論行爲本身，而不是用情緒或價值觀的詞語評斷孩子（例如「沒用的人」、「天生壞孩子」等）。行爲是問題行爲，孩子仍然是你所喜愛的孩子。透過使用隱喻的方式來外在化問題，可以在實際應用中去除負面標籤的效果。

當孩子在重要的發育階段受到嚴重傷害時，我們是否該認爲這些傷痕將伴隨他們一生呢？答案其實並不一定。儘管關鍵

發育期的大腦容易受到壓力而受傷，但大腦具有相對較高的成長彈性。只要我們持有耐心並提供適當的治療，這些受傷孩子的大腦仍然有機會得到修復。

美國精神科醫師布魯斯・佩里（Bruce Perry）提出了神經序列治療模式（neurosequential model of therapeutics），它是一種跨領域治療模式，涵蓋了神經科學、社會科學和心理學等多個領域（Perry, 2009）。這個模式尤其廣泛應用於處理心理創傷對孩子產生的問題行為。

神經序列治療模式對我們有何幫助？讓我們以一個例子來說明。孩子的自我調節能力、社交技巧和認知功能的發展受到基因和環境的影響，每個孩子的成長過程都是獨一無二的。在臨床實踐中，我們可能遇到一位15歲的孩子，但他的自我調節能力可能只有五歲，社交能力只有三歲，認知功能只有十歲。對於這樣的孩子，神經序列治療模式提供了一個良好的互動模式架構。

神經序列治療模式強調在處理孩子的情緒和行為問題時，選擇正確的治療順序至關重要。即使是最好的治療方法，如果順序不當，也無法產生有效的效果。那麼，什麼樣的治療順序才是正確的呢？

大腦在從胎兒到青春期再到成人的發育過程中，有著特定的發育順序。這個順序可以分為三個階段：第一階段是腦幹和中腦（生命中樞）的成熟，第二階段是邊緣系統（情緒腦）的成熟，第三階段是皮質腦（理智腦）的成熟。這三個腦區分別

負責著不同的功能。腦幹和中腦負責運動和感覺的輸入，邊緣系統負責依附、情感和行為，而皮質腦則負責思考、計劃、抑制和學習。

　　腦幹、中腦和邊緣系統主要負責保護我們的安全。它們時刻保持高度警覺，確保我們的生命不受威脅並能迅速逃離危險的情境。受到創傷的孩子即使現在身處安全環境，由於他們的腦幹、中腦和邊緣系統仍處於過度敏感的戰鬥/逃跑/凍結狀態，對於日常事物也會感到危險。他們無法解除不必要的警戒狀態，無法建立安全的依附關係，也無法有效地管理情緒和行為。他們陷於腦幹、中腦和邊緣系統的困境中，因此無法使更高層次的大腦正常發揮功能。我們都知道，思考、計劃和學習發生在皮質腦，如果前兩個腦區未得到適當發展，孩子也無法適當地接受教育和學習。

　　如果我們希望父母和教師能夠有效地傳遞他們所教授的內容，我們需要使用神經序列治療模式，從下而上修復這些不安全的依附關係。神經序列治療模式包含三個步驟：首先降低威脅感，接著與孩子建立連結，最後再進行教育和講道理。這樣的治療順序能夠幫助孩子建立起安全感，解除腦幹、中腦和邊緣系統的困境，使其更好地運用理智腦進行學習和成長。

　　在父母與子女的關係中，首要的是保持情緒平靜。這意味著在處理孩子問題之前，我們需要先照顧好自己的情緒。當孩子感到威脅時，他們的神經系統會進入防禦狀態，表現為問題行為。因此，當父母能夠保持冷靜時，孩子能透過父母的面部

表情、語調和肢體語言等訊號感受到穩定和安全的情感，有助於穩定他們的腦幹和中腦功能。

管教孩子3原則

降低威脅　　建立連結　　再說道理

　　接下來，父母可以嘗試從孩子的角度思考，努力理解他們目前的情緒狀態和內心真正想表達的需求，並向他們傳達父母對他們感受的理解。這有助於冷卻邊緣系統，減少情緒壓力。

　　最後，父母可以以朋友的身分向孩子講述道理，重新連結皮質腦的神經迴路。換言之，只有在孩子感到安全且被接納的情況下，你的建議才能進入他們的思維中。這過程中，同理心扮演著重要的角色，讓孩子有機會表達他們的情緒。如果你不允許他們流淚，他們可能會壓抑情緒，最終使自己也感到悲傷。透過神經序列治療模式，我們能夠了解孩子的發展需求和弱點，並根據他們的獨特情況提供適當的支持和介入。這種治療模式結合了神經科學的知識，幫助我們理解大腦的發展和功

能，並以此爲基礎設計個別化的治療計劃。通過神經序列治療模式，我們能夠爲受創傷的孩子建立一個安全、支持性的環境，並提供具體的治療策略，促進他們的發展和康復。這種綜合性的治療模式在幫助孩子克服創傷後遺症、建立積極的自我形象和健康的人際關係方面具有獨特的價值。

　　總結來說，以神經心理學爲基礎的治療方法強調治療順序的重要性，並提供了從下而上修復腦部功能的框架。神經序列治療模式並不是要取代你現有的親子教養方式，而是以神經科學、社會科學和心理學等多面向來評估父母與孩子的互動，並提供良好互動的輔助工具。

延緩老化的良方

　　在神經科學領域中，學習是指當神經細胞受到刺激並形成新的連結以改變行爲的過程。學習與神經可塑性緊密相關。研究表明，我們在大約20歲左右擁有最強的學習能力。然而，隨著年齡的增長，大腦的功能會逐漸下降。大腦衰老的原因主要有以下幾點：

1. 神經細胞數量逐漸減少並效能下降。特別是海馬迴皮質每十年就會損失5%的神經細胞，到了80歲左右，大約減少20%。

2. 神經傳導物質和受體數量減少，並且活性降低。特別是乙醯膽鹼的產量和活性衰退對記憶影響尤爲重要。

3. 血流量減少，無法提供足夠的能量和腦源性營養因子。

為了延緩大腦的衰老，我們可以從以下幾個方面著手：

活著有目標

人生是一場持續不斷的學習之旅。為了保持大腦年輕活躍的感覺，我們需要給生活注入不斷的目標，並持續學習，直到最後一刻。如果我們失去學習的動力，大腦容易加速老化。

從腦神經科學的角度來看，設定目標能夠激發多巴胺的分泌，帶來期待的感覺。當我們成功實現目標並獲得獎勵時，多巴胺的活躍度也會增加。因此，為了保持大腦年輕，我們需要經常給自己明確且可實現的目標。

要設定小而可行的目標，並將其分解成每天都能夠努力實現的小步驟。當你達成目標並感到成就時，別忘了給予自己獎賞。然後，再設定新的人生目標。在人生的旅途中，不斷重複這些步驟，讓你的人生一直處於學習的狀態中。通過成功解決問題和達成目標，讓大腦持續經驗多巴胺的愉悅感。

透過設定目標並不斷學習，我們可以創造有意義的生活，讓每一天都充滿動力和目的。當我們意識到自己的成長和進步時，心理狀態也會變得積極穩定。所以，讓我們為自己設定目標，追求學習和成就，讓大腦和心靈持續充滿活力。

嘗試新鮮事

　　人類在漫長的進化過程中，與肉食動物搏鬥並與大自然相依為命。這個過程中，我們的大腦逐漸發展出對於新奇事物的敏感性。神經細胞的生存和發展遵循著「用進廢退」的原則。只有在被適當地使用和刺激時，神經細胞才能保持健康的狀態。在日常生活中，如果我們給予自己嘗試新事物的機會，就能夠刺激那些平常不常被使用的腦區，使整個大腦保持均衡且充滿活力。

　　舉個例子，你可以試著做一些平時不習慣的動作，例如走路時盯著自己的腳、用非主手操作手機、使用筷子進食等等。透過關閉我們經常使用的腦區，然後活化不常使用的腦區，我們可以有效地刺激大腦中沉睡的區域，這相當於為我們的大腦注入新的活力。

　　此外，神經科學的研究發現，嗅覺對大腦產生刺激並提升其功能。如果我們長期忽略嗅覺的刺激，我們的嗅覺會變得遲鈍，進而減少對大腦的刺激。因此，在日常生活中，我們可以更加留意嗅覺的感知，例如在用餐時多聞聞食物的香氣、在外出時留意周圍花草的香味等等。用心感受周遭的氣味能夠為大腦提供更多的刺激，延緩腦力退化的過程。

　　還有，當我們回顧過去發生的事情時，我們通常會記得那些具有重大意義的時刻，例如第一次獨自上學、與初戀情人的接吻、意外車禍事件，或是國中告白被拒絕等。在回憶這些事

情時，我們似乎能夠重新感受到當時的情緒，這也讓我們感覺時間過得更長。

嗅覺與記憶

　　關於時間感受，有一個有趣的現象是，年長者似乎比年輕人感受到時間流逝的速度更快。這可能是因為年輕人每天都會經歷許多新奇刺激，這些經驗在大腦中的海馬迴皮質會形成更多的時間痕跡，使得回憶起過去的事情時感覺更豐富且持久。相比之下，年長者由於生活中變化較少，海馬迴皮質中的時間痕跡相對減少，導致他們感覺時間流逝得更快。然而，年長者可以通過營造新鮮感來改變這種情況，讓生活充滿新奇刺激，從而幫助他們感受時間的流逝不那麼快。

　　要理解為何年長者覺得時間過得特別快，我們需要了解時間感受的形成過程。時間感受建立在我們對過去記憶的提取

上，也就是說，我們回顧過去時會產生一種感受強度，這種感受強度形成了我們對時間的感知。

從技術的角度來看，年長者可以在日常生活中安排一些能讓自己產生感覺的活動，從而拉長時間的感受。這些活動可以是多種多樣的，例如學習新技能、參加社交活動、旅行探索新地方等等。透過這些活動，年長者可以爲自己創造豐富的經歷和回憶，增加海馬迴皮質中的時間痕跡，讓回顧過去時的感受更加豐富且持久。這樣一來，他們的生活將不再單調乏味，時間也會變得更有趣和有意義。

因此，對於年長者來說，重要的是找到能夠爲自己帶來新鮮感和興奮的活動，並積極參與其中。這些活動不僅能夠改善時間感受，還能豐富生活，促進身心健康。

那麼，生活應該如何安排，才能讓情緒更加鮮明？腦科學提供了一些指引。在我之前的著作《當心理學遇到腦科學（一）：大腦如何感知這個世界》中，我們了解到杏仁核在感知害怕和評估變化方面起著關鍵作用。因此，在日常生活中添加能夠活化杏仁核的活動非常重要。

舉例來說，與平常不太聊天的朋友共進晚餐，或者探索附近不常去的書店，這些不同的體驗都對我們的大腦有益。當我們專注地品味食物，細心感受食物帶來的感覺時，我們的杏仁核感受到了變化，使得記憶更加深刻且易於提取。這些活動強化了五官體驗的連結，並促進了神經細胞之間的記憶聯繫性，從而使我們對時間的感受更加豐富。

根據這些原則，年長者可以精心計劃並執行生活，並特別注重回顧的重要性。通過精心計劃和用心執行生活，我們可以爲生活增添一些小冒險，以讓大腦對記憶留下更深刻的痕跡。然而，我們的大腦存在著記憶衰減的現象。因此，如果在事件發生後不久，我們有機會回顧該事件，將有助於記憶更加深刻。這有利於日後對記憶的提取，同時豐富我們對時間的感受。

　　紐約大學心理學教授莉拉・達法奇（Lila Davachi）指出：「我們想擁有更多的時間，但實際上我們眞正渴望的是更多的回憶。」要擁有更多的時間，就要創造更多值得回味的回憶。這也是讓人生充滿意義的方法之一。

　　總結而言，通過在日常生活中增加有感覺的活動，年長者可以延長時間感受，使生活更豐富多彩。通過理解大腦的運作，特別是杏仁核的作用，我們可以找到改善情緒強度的方法，使年長者的生活充滿新鮮感和意義。

常練手指操

　　你可能不曉得，我們的大腦對手指的感應非常發達，這代表著手指的活動可以更有效地啟動我們的大腦。所以，讓我們一起來探討手指操的運動吧！這不僅是一個有趣的遊戲，更能夠激發長者們大腦的活力。

　　首先，我們可以使用左手和右手玩一個有趣的遊戲，就

像玩「剪刀、石頭、布」一樣。左手和右手分別展示不同的動作。舉個例子，我們將左手設定爲「贏家」，當左手出現「剪刀」時，右手同時出現「布」；當左手出現「石頭」時，右手同時出現「剪刀」。另外，你也可以嘗試一個手指遊戲，其中一隻手模擬槍的姿勢，另一隻手則展示數字的手勢。首先，左手展示出手槍的姿勢（手心朝向自己），同時右手展示出數字「1」的手勢（手心朝向外面）。然後，每次數到一個新的數字，左右手進行交替，原本展示手槍的手改爲展示下一個數字的手勢。一直數到十，讓左右手不斷切換動作。

剪刀、石頭、布　　**手指槍**

這些常見的手指操不僅能夠增強我們的手眼協調能力，更重要的是，它們能夠啟動平時較少使用的腦細胞，從而增強大腦的功能，達到平衡左右腦半球的效果。

通過這樣的手指操活動，我們能夠使大腦更加靈活，提高思考能力和反應速度。這對於日常生活中的自我照顧和諮商輔導至關重要。無論是在日常生活中還是在心理治療中，這些簡單的手指操都能成為我們運用神經心理學的方式，促進大腦的健康和平衡。

總而言之，透過目標的設定、嘗試新鮮事物、關注嗅覺刺激和回憶重要時刻，我們能夠為年長者的大腦注入新的刺激，活化不常使用的腦區，並保持他們大腦的活力和彈性。

精神疾病的照護之道

在DSM-5精神疾病診斷準則手冊中，記載了數百種精神疾病。本章將聚焦於憂鬱症、焦慮症、強迫症和成癮障礙，並介紹相應的自我照顧方法。這些心理疾病在現代社會中愈發普遍，給患者及其家人帶來巨大的困擾。因此，我們迫切需要了解如何運用腦神經科學的知識，幫助患者找到合適的自我照顧方法，從而走出困境，重拾幸福並提升生活品質。這一議題至關重要。

當我們掌握了神經心理學的觀點，便能更深入地理解這些心理疾病的本質。透過了解大腦的運作機制，我們能夠揭示憂鬱、焦慮、強迫和成癮等問題的神經基礎，從而為自我照顧提供更具針對性的策略。

憂鬱症的照護

憂鬱症患者往往陷入無休止的反芻思考循環，這是他們罹患憂鬱症的其中一個原因。適度的反思能讓我們學習並避免再次犯錯，但過度反思卻會讓大腦疲勞，使其陷入負面的思考模式。再次犯錯會引發自責，而過度的自責會使憂鬱症患者情緒低落並難以擺脫。

要擺脫情緒低谷，我們需要學習如何整理大腦，處理失敗和成功的事件。適度地敘說失敗經驗有助於情緒的釋放和事件的反思。然而，根據赫布理論「一起激發的細胞會連在一起」的觀點，如果一再地描述失敗經驗，它將被強化並過度存儲在大腦中。過於清晰的失敗經驗會加劇無助感和絕望感，進一步加深憂鬱症狀。因此，當我們反思失敗後，需要學會遺忘，提醒自己不要一次又一次地回想失敗的過程。

相反，成功的經驗則需要在心中牢記。通過不斷回憶並加強成功事件的聯結，我們可以重溫成功時所感受到的視覺、聽覺和行動等細節。透過重複回憶成功事件，大腦中將建立充滿成功經驗的神經聯繫，自信心也會不斷增加，憂鬱感受明顯減少。

因此，在照護憂鬱症患者時，我們應該幫助他們學會平衡反思和自我鼓勵。引導他們敘說失敗經驗時，需提醒他們不要過度沉湎其中；同時，也須適時鼓勵他們回憶成功時的細節，並將其與正面的情緒和自信心相連結。這樣的做法可以幫助患

者走出情緒低谷，更好地應對憂鬱症的挑戰。

除此之外，下面還有一些與神經科學相關憂鬱症自我照護的方法，也可以幫助患者改善他們的情緒，以及促進他們的心理健康。

1. 正念練習：正念（Mindfulness）是一種集中注意力、接受當下經驗且不加判斷的練習方法。研究表明，正念練習可以改變與情緒調節相關的大腦區域，降低焦慮和憂鬱情緒。患者可以學習正念練習，例如呼吸冥想、身體掃描等，以培養對當下的覺察，減少自責和消極思維。

2. 規律的運動：運動對於改善心理健康具有積極影響，對憂鬱症患者尤其重要。研究顯示，運動可以促進多巴胺和內啡肽等神經傳遞物質的釋放，提升情緒和心理幸福感。患者可以選擇自己喜歡的運動形式，例如散步、跑步、瑜伽等，每週保持一定的運動時間和強度。

3. 社交支持：人際關係對於心理健康至關重要。研究指出，與他人建立支持性和正面的人際關係可以減輕憂鬱症症狀並改善情緒。神經科學研究發現，與親密的人互動可以促進催產素的釋放，這是一種與情感調節和社交連結有關的神經傳遞物質。患者可以主動參與社交活動、與親友交流並尋求支持，或者考慮加入支持群體。

4. 睡眠管理：睡眠問題與憂鬱症密切相關。研究表明，睡眠不足或睡眠質量不佳會對大腦的情緒調節產生負面影

響。患者可以建立規律的睡眠時間表，營造舒適的睡眠環境，遠離刺激和娛樂設備，並採取放鬆的睡前儀式，例如冥想或深呼吸。

這些都是神經科學在憂鬱症自我照護方面的一些重要觀點和實踐方法。患者可以探索這些方法並找到適合自己的方式，藉此促進自我照護和心理健康。

焦慮症的照護

焦慮情緒是我們常常遇到的情緒反應，它源於我們古老的求生本能，即戰鬥或逃跑反應。這種本能使我們的大腦傾向於持續尋找環境中的威脅，對負面訊息有較強的反應，進而引發焦慮感。儘管現代生活相對安全，我們仍然面臨各種心理壓力，使焦慮情緒變得更加複雜。因此，了解焦慮情緒的產生和影響是非常重要的。

我們可以透過改變關注的對象、調整思維方式和改善生活體驗來應對焦慮情緒。然而，為了更好地應對焦慮，我們需要先了解一些神經科學的知識。根據腦科學的研究發現，大腦在不同的狀態下會產生五種不同的腦波。這些腦波的控制能力也是改變焦慮情緒的基礎。

在這些腦波中，Beta波與焦慮情緒關聯最密切。當我們需要完成任務並集中注意力時，大腦會處於快速頻率的Beta波狀

態，這有助於我們完成工作。而Alpha波使人感到放鬆舒適，Theta波可減輕焦慮並促進治療，Delta波可幫助進入深度睡眠以恢復活力，Gamma波則能增強認知能力。然而，長期停留在某些特定腦波狀態也可能會產生負面影響。

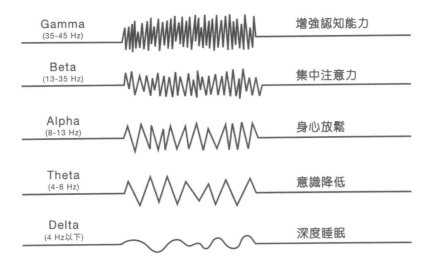

腦電波

Gamma (35-45 Hz)	增強認知能力
Beta (13-35 Hz)	集中注意力
Alpha (8-13 Hz)	身心放鬆
Theta (4-8 Hz)	意識降低
Delta (4 Hz以下)	深度睡眠

　　例如，長期處於Alpha波狀態可能會感到冷漠且缺乏成就感；過度專注於Beta波狀態可能會導致過度關注負面資訊；長期處於Theta波狀態可能會感到孤立且效率降低；長期處於Delta波狀態可能會影響認知能力。因此，平衡不同腦波的使用，並透過適當的方法幫助大腦進入正確的狀態是必要的。

　　總結而言，焦慮症的照護需要我們瞭解焦慮情緒的起源和

影響，並運用神經科學的知識來幫助我們控制腦波狀態。通過改變關注的對象、調整思維方式和改善生活體驗，我們可以更好地應對焦慮情緒。同時，平衡不同腦波的運作，使大腦進入正確的狀態，將有助於我們緩解焦慮症狀並提升心理健康。以下是幾個簡單的方法，可以協助我們緩解焦慮的困擾：

1. 轉移注意力：改變注意力的對象來調整思維。透過小技巧，例如改變身體姿勢，將注意力從焦慮的事物轉移開來，進而改變自己的精神狀態。舉例來說，當感到焦慮時，採取更自信的姿勢，如挺直脊椎，可以迅速進入自信滿滿的狀態。另外，當焦慮難以釋懷時，可以嘗試想像雙手的手掌變得溫暖等方法。這些方法可以刺激大腦產生Alpha波，進而達到放鬆身心的效果。

2. 休息與恢復活力：給自己一些休息時間。這個方法有助於使大腦從Beta波轉換為Alpha波，讓自己放鬆。如果此時不需要專注於任務，可以停下手中的工作稍作休息。回想一個讓自己感到愉悅的時刻，或想像一個美麗的景色，並全情投入地感受其中美好的感覺。稍作放鬆後，再將注意力轉回原先的工作。

3. 深呼吸與腹式呼吸：深呼吸是一種緩解焦慮的有效技巧，可以促進放鬆並調整腦波活動。進行深呼吸時，腹部應該擴張和收縮，而不是胸部。這種稱為腹式呼吸的技術可以刺激大腦產生Alpha波，有助於減輕焦慮和恢復平靜。

4. 音樂治療：音樂對腦波和情緒有著強大的影響力。某些類型的音樂，如經典音樂或放鬆音樂，可以刺激大腦產生Alpha和Theta波，進而促進放鬆和減輕焦慮。在焦慮情緒高漲時，可以嘗試聆聽舒緩的音樂，創造一個平靜的環境，有助於改變腦波狀態和情緒。

5. 規律運動：運動對於調節腦波和情緒非常有益。規律的身體運動，如散步、跑步、瑜伽等，可以促進Alpha和Theta波的產生，並釋放身體中的壓力和緊張感。此外，運動還可以刺激大腦釋放內啡肽和多巴胺等神經傳遞物質，提升情緒狀態。

總之，這些小技巧和方法可以幫助你更好地掌控自己的情緒和心理狀態，讓你擁有更強的控制力和更好的生活體驗。

強迫症的照護

如果你曾接觸過強迫症患者，你一定會對他們那種無法停止的強迫性思考和行為印象深刻。儘管他們清楚這些反覆出現的念頭和行動毫無道理，卻無法自我阻止大腦持續產生這些想法，也無法停止執行這些反覆行為。這種痛苦困擾著強迫症患者。

統計數據顯示，大約有2~3%的人在一生中的某個時刻會受到強迫症的困擾。其中超過一半的人在20歲之前就會出現相

關症狀，其中一部分可能受到遺傳因素的影響。不幸的是，我們家族中就有這種遺傳體質。對我來說，強迫症的影響體現在當我停好車、關上車門、離開車子幾公尺後，我的大腦有時會冒出「車門沒有上鎖」的念頭，這迫使我返回車子檢查車門是否上鎖，即使我明白這樣做毫無道理，但我卻無法勸服自己不要回去檢查車門。

　　一般來說，強迫症患者在心理上經歷著三個階段，我們可以稱之為「強迫症患者的三部曲」：在執行之前感到焦慮，在執行過程中獲得一種釋放的感覺，但在執行之後卻充滿後悔。

　　從腦部影像檢查中，與一般人相比，強迫症患者的尾狀核體積較小，但其功能卻呈現過度活化的現象。此外，眶前額葉皮質與其他腦區的連結程度也相對較高，前扣帶迴皮質也受到一定程度的影響。這些腦部研究的發現，提供了從神經科學角度出發的具體應對方法，幫助我們更好地理解強迫症的大腦運作機制。

　　根據神經科學家的研究，強迫症可以分為三個階段。首先，是眶前額葉的活動引起警報，使我們預期可能出現錯誤或危險情況。接著，前扣帶迴困住我們的擔憂在預期的錯誤或危險情境中。最後，涉及尾狀核的功能失調，無法讓我們順利感受到完成任務的滿足感，同時無法給予已完成任務的結束標誌，使我們的注意力無法順利轉移到其他焦點上。因此，強迫症患者持續地將注意力集中在特定的擔憂或事物上，進入一個害怕與焦慮不斷循環的困境中。

強迫症 的腦

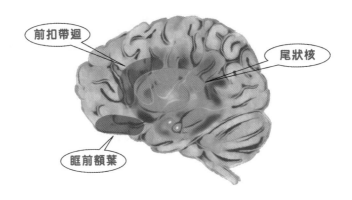

前扣帶迴

尾狀核

眶前額葉

　　在了解了強迫症的基本神經科學知識後，我們可以根據神經活動的三個階段選擇合適的應對方式。首先，強迫症自我照顧的第一步是，試著告訴自己這些念頭只是大腦裡的不安情緒。當眶前額葉過度活化時，我們嘗試不去對抗這些念頭，而是輕輕地告訴自己這種不安是因為眶前額葉過度活化所產生的。

　　強迫症自我照顧的第二步是，幫助大腦轉移注意力至感官感覺上。由於前扣帶迴使強迫症患者的擔憂固執地聚焦在錯誤的預期或危險情境上。當感受到強迫焦慮時，需要提醒自己將大腦的注意力從前扣帶迴過度活化的區域轉移到感官感覺的區域上，例如視覺、聽覺、觸覺、嗅覺和味覺，這有助於將大腦從眶前額葉過度活化產生的不安情緒中解脫出來。

　　強迫症自我照顧的第三步是，讓對強迫思考的行為有一個

明確的結束點。由於尾狀核的功能失調，使得強迫症患者無法感受到已經完成某項任務。因此，當你對抗強迫思考並做出相對應的第一次因應行為時，可以減慢動作的速度，試著在行為過程中記住相關細節，以便在行為結束後能夠回憶起自己已經完成了相關因應行為的反應。

　　為了更清楚地介紹如何應用神經心理學於自我照顧，我將以自己應對強迫症的經驗作為例子來說明。當我停好車並離開車子幾步之後，我的強迫症症狀就會出現。在這種情況下，我會告訴自己「這種擔心車門是否關好的不安感，是因為眶前額葉過度活化所導致的，並非真實的情況。」這種自我對話有時可以使我減輕不安的情緒。

　　然而，有時候，僅靠這樣的自我對話並不能完全確保我已經好好鎖上車門。在這種情況下，如果情況允許，我會嘗試一些轉移注意力的方法，試著把專注力轉向五官的感覺上。這種轉移注意力的策略，有時能夠幫助我從眶前額葉過度活化所引起的不安情緒中解脫出來。

　　如果這種方法仍然不奏效，我只能回去再次地檢查車門是否上鎖。然而，在進行檢查的過程中，我會提醒自己要慢慢地檢查車門並緩慢地再次關閉它。同時，我也會試著記住一些與上鎖動作相關的細節，例如後視鏡的摺疊狀態、關門後的聲音等。這樣，當我離開車子一段時間後，如果強迫思緒再次湧現，我可以對自己的大腦做出交代，告訴它我已經徹底檢查過車門，並在行為的結束處畫上一個句點。

透過了解這些神經科學的知識，我們可以為自己的自我照顧提供更具體的指導。腦科學提供了一個更深入的理解，幫助我們應對強迫症的挑戰，提升心理健康和生活品質。

成癮障礙症的照護

成癮問題在我們的現代社會中十分普遍，它涵蓋了各種形式，包括性成癮、食物成癮、賭博成癮，甚至物質成癮。這些成癮行為與我們的基因組有密切關係。事實上，我們的大腦神經迴路在我們還在母胎中時就被設計成傾向於追求成癮行為，因為我們的大腦渴望從學習和經驗中獲得預期的愉悅感。因此，任何能夠帶來預期和愉悅感的行為都有可能成為成癮的來源。這涉及到我們大腦中的腹側被蓋區、伏隔核獎賞中心以及多巴胺等神經傳遞物質在神經元之間的傳遞。

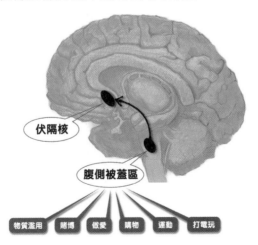

伏隔核

腹側被蓋區

物質濫用　賭博　做愛　購物　運動　打電玩

舉個例子來說，賭博常常容易讓人上癮，主要是因爲它極大地提高了人們對於獎勵的預期感，而非獎勵本身。當我們玩遊戲時，如果我們獲得某個人物的機率是100%，那麼這只是一種交易行爲，此時我們的多巴胺釋放量不會有太大變化。然而，當機率降至50%時，我們就會有預期感。這種預期感會刺激多巴胺的釋放，進而帶來愉悅感。

　　在成癮障礙症患者執行重複行爲時，他們的大腦中的多巴胺系統會被刺激。通常，成癮障礙症患者的行爲表現會有兩個層面。首先是正增強，也就是在行爲發生時會感到愉悅和開心。然而，之後會轉變爲負增強，即行爲帶來的愉悅感減少，取而代之的是不執行這個行爲會產生不適感。他們的大腦會持續渴望再次執行這個行爲，這就是所謂的成癮現象。

　　成癮障礙症患者所表現出的反覆行爲，雖然源自內心的衝動，但對他們而言，這些衝動所產生的行爲卻帶來了明顯的痛苦。因此，我們需要深入了解欣快和渴求這兩個心理現象之間的區別。儘管這兩者都透過相同的神經迴路進行訊息傳遞，但它們卻存在於不同的神經生理狀態之中。

　　換言之，欣快是一種心理現象，它由多巴胺的釋放所引起，使我們感受到愉悅和滿足。然而，渴求則是多巴胺接受器過度敏感的狀態。這種過度敏感可能是由長期的成癮行爲引起的，導致大腦對特定的刺激產生強烈的渴望感。因此，成癮行爲不僅僅是爲了追求欣快感，即使在缺乏欣快感的情況下，渴求仍然會驅使他們執行相關的行動。

當心理學遇到腦科學（二）
神經科學於自我照顧與諮商的運用　　　　/ 190

總的來說，渴求成癮物質是一種以目標爲導向的行爲，而非僅僅爲了追求快感。這也解釋了爲什麼成癮者可能在遭受莫名的痛苦時，仍然無法自拔。他們被渴求所主導，卽使知道這些行爲對自己有害，但卻無法控制自己的行動。這種對成癮物質的渴求和衝動性行爲成爲了他們生活的主導因素，對其造成了持續的苦悶和困擾。

　　在神經科學和心理學領域中，我們常常使用成癮的概念來評估一個人對某種物質或行爲是否有無法自拔的依賴。這種依賴通常表現爲對該物質或行爲的需求增加，需要更大的量或頻率才能達到先前的感覺，並且在不使用時會感到強烈的不適。卽使明白使用該物質或行爲會帶來負面後果，也無法控制自己停止。因此，失去對自己行爲的控制是成癮的一個重要特徵。如果沒有出現上述情況，可能只是使用頻率較高，而不是眞正的成癮。

　　現代社會提供了許多容易讓我們獲得多巴胺的途徑，無論是透過安非他命、酒精、香煙還是碳水化合物等成癮物質，它們的共同特點是能在短時間內大量增加大腦中多巴胺的濃度。這些物質作用於腹側被蓋區和伏隔核，讓我們感到快感和興奮。然而，長期使用這些物質會導致大腦中多巴胺受體的減少，使得我們對多巴胺訊息的接收變得不足。爲了再次體驗相同程度的興奮，我們就需要更多的成癮物質，這也是成癮的重要特徵之一。

　　在成癮行爲中，我們會產生耐受性，這意味著多次刺激多

巴胺受體後，受體數量會增加，並且需要更高的刺激量才能滿足增加後的需求。換言之，成癮者為了達到相同的感受，需要使用更高劑量的刺激物。相反地，如果多巴胺受體因渴望而減少活化，就可以降低耐受性的閾值。

然而，即使現代社會提供了許多能讓我們輕易獲得多巴胺的機會，我們並非每天都感到快樂和滿足。事實上，大多數現代人經歷的是痛苦和焦慮。這是因為多巴胺在快樂中只扮演了一部分角色，而這種快樂是有代價的。神經科學研究發現，快樂和痛苦在大腦中的神經迴路中有許多相似之處（Leknes & Tracey, 2008）。因此，當多巴胺帶來快樂時，身體也會自動產生一定程度的痛感來達到平衡。換句話說，當我們試圖用更多的快感來掩蓋負面情緒時，身體也會產生更多的痛感，使我們陷入一個無限循環中。這解釋了為什麼負面情緒常常在我們的情緒中持續存在，而我們無法真正體驗到持久的快樂，只能通過不斷追求新的刺激來維持著正常狀態。就像吸煙成癮的人一樣，抽煙並不能真正使他們感到快樂，但不抽煙卻會帶來極大的不適感。

成癮行為涉及到大腦的多個區域，包括腹側被蓋區、伏隔核、背側紋狀體、杏仁核、海馬迴、前額葉皮質和腦島等。這些區域在成癮行為中扮演著重要的角色。首先，腹側被蓋區、伏隔核和背側紋狀體是成癮行為中關鍵的區域。研究表明，背側紋狀體在成癮行為中扮演著重要的角色。當一個行為由自願轉變為迫切的渴望行為時，多巴胺神經迴路的獎賞系統會由腹

側紋狀體轉移到背側紋狀體，這樣一來，成癮行為變得更加難以控制。

另外，杏仁核也在成癮行為中發揮重要的作用。它與壓力、情緒和渴望相關聯。當我們處於壓力或情緒波動的狀態時，杏仁核的活動增加，這可能促使我們去尋求成癮物質以緩解這些負面情緒。海馬迴則與成癮相關的記憶形成有關，我們的大腦會將對成癮物質的記憶存儲在海馬迴中，這些記憶會影響我們對成癮物質的渴望和回憶。當我們暴露於成癮物質時，海馬迴的活動增加，這可能強化我們對成癮物質的記憶，使得我們更容易再次尋求它們。

最後，前額葉皮質在成癮行為中發揮重要的調控作用。它負責評估成癮物質的價值，以及我們自我調節成癮物質的能力。前額葉皮質有助於我們做出理性的決策，並抑制那些可能引起成癮行為的衝動。

為了更深入理解這些概念，我們可以參考下頁的圖示。這個圖示是我參考史蒂芬·威爾森教授的成癮腦神經迴路概念（Wilson, 2015），再根據自己的臨床經驗進行了部分修改。現在，讓我們來詳細探索這個圖示。

在圖一，我們可以看到當成癮行為再次發生時，並沒有經過理智腦的思考。這種情況下，你可能會發現自己完全無法抵抗成癮的誘惑。這時，避開危險情境是你自我照顧的最佳方法。通過避免接觸到誘發成癮的刺激，你可以減少再次陷入成癮行為的機會。

（圖一）避開危險情境

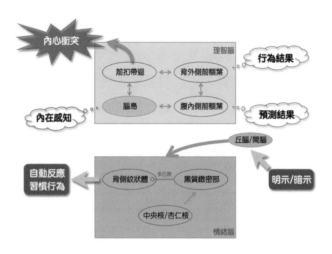

（圖二）提升覺察能力進因應技巧境

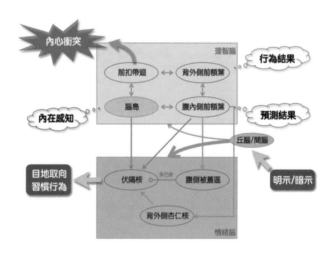

在圖二，我們可以看到當成癮行爲再次發生時，一些理智腦的思考參與其中。然而，即使經過內心的衝突，你可能仍然無法擺脫誘惑而再次陷入成癮行爲。如果你發現自己處於這種狀態，並希望擺脫成癮的困擾，提升覺察能力並增進因應技巧是關鍵。提升覺察能力可以幫助你更敏銳地察覺到成癮的衝動，並將注意力轉移到其他更健康的選擇上。同時，學習因應技巧可以讓你有效地應對誘惑，找到替代性的行爲或思維方式。

在現代社會中，成癮已不再是僅限於物質濫用者的痛苦。如今，手機成爲了另一個可能讓人深陷成癮困境的工具。隨著科技的進步，特別是智慧型手機的普及，數位科技的蓬勃發展改變了我們的生活方式，同時也在無形中對我們的大腦產生了深遠的影響。智慧型手機匯聚了電腦、通訊和娛樂功能於一身，使我們可以隨時隨地使用它。然而，這種運作方式刺激了我們大腦中特定的神經傳遞物質的釋放，同時也削弱了某些神經迴路的連結，其影響之深遠遠超乎我們的想像。

一旦你養成長時間滑手機的習慣，你可能會發現自己只是不斷地點擊下一個訊息，即便這些訊息與你並無直接關聯，你仍然無法停止滑動。這是因爲大腦中的多巴胺獎賞機制使你對下一個訊息充滿期待，驅使著你持續滑動。試圖強迫自己放下手機時，由於多巴胺的作用，你可能會感到身不由己，尤其容易出現焦慮情緒。事實上，使用手機的時間往往比自己意識到的要多得多，甚至在2018年6月，世界衛生組織將「網路遊戲

成癮」列爲精神疾病。

　　現在，讓我們以手機成癮爲例，具體說明如何提升覺察能力和增進因應技巧，以實踐手機成癮障礙症的自我照顧。

（一）提升覺察能力

1. 停下來

　　在日常生活中，我們常常受到手機的制約，像是被響起的鈴聲吸引著一樣。根據俄羅斯巴夫洛夫醫師的研究，這種現象類似於巴夫洛夫的狗對鈴聲的反應。當手機響起時，成癮者就像被聲音所制約一樣無法自拔。這種反應是由杏仁核引發的，它比其他大腦區域更快速地產生反應。因此，當我們聽到手機訊息的聲音或看到手機時，杏仁核會自動啟動，接著紋狀體的反應會引導我們滑動手機。通常在這種情況下，我們並不知道自己到底想要看什麼訊息，也不知道訊息是否與自己有關，只是出於潛意識的期待而不斷滑動手機，因爲我們期待著獎賞的出現。

　　所以，當我們意識到成癮行爲被啟動時，第一步就是停下來，不做任何反應，抵擋住杏仁核自動快速反應的衝擊。

2. 慢下來

　　由於大腦神經迴路已經被訓練成對手機行爲做出快速反應，我們需要有意識地將思維放慢，就像慢速播放一部電影一樣。在這個慢動作的畫面中，試著將滑手機的想法、感受、行爲和後果區分得更清楚。

正念覺察是一種有助於放慢思維的方法。一項針對菸癮者的研究發現，讓參與者專注感受吸菸的整個過程，能夠顯著減少吸菸頻率，並保持較高的戒菸率。這種方法被稱爲「衝動衝浪冥想（urge surfing meditation）」，是一種正念冥想的方式（Bowen et al., 2014）。

3. 自我反思：

在慢速播放的思緒畫面後，啟動內側前額葉皮質的思考，對自己滑手機的動機、想法、感受、行爲和後果進行綜合評估，然後問自己「這是我眞正想要的嗎？」。

透過這三個步驟，你可以運用神經心理學的原理，實踐自我照顧，並減少手機成癮對你的負面影響。停下來幫助你抵擋住杏仁核的衝擊，慢下來讓你意識到手機行爲的各個層面，而自我反思則能幫助你客觀評估行爲的價值。

（二）增進因應技巧

1. 調整環境的提示

在現代社會中，手機應用程式已成爲我們主要的資訊來源之一，然而，過度頻繁使用手機也是一個常見的問題。了解心理現象中的蔡根尼克效應（Zeigarnik effect）能夠幫助我們理解爲什麼關閉手機應用程式的訊息通知能夠降低手機使用頻率。

蔡根尼克效應是指未完成的事情在記憶中更容易被保留，而完成的事情相對容易被遺忘。這種現象是根據俄國心理學家

蔡根尼克在20世紀初的研究而得名。根據腦科學研究，蔡根尼克效應與前額葉皮質、杏仁核和海馬迴等腦區有關。前額葉皮質負責人類的決策和計劃制定，能夠調節行為的目標和獎勵。杏仁核與情緒和壓力反應有關，當面臨未完成的事情時，可能會引起焦慮和壓力反應。海馬迴與記憶的形成和儲存有關。當我們開始進行一項任務時，前額葉皮質會將這項任務加入目標清單，當任務未完成時，杏仁核的壓力反應會提醒我們需要繼續進行。同時，未完成的任務也會被儲存在海馬迴中，因此更容易被記憶。

當我們看到手機上引人注目的標題、圖片或通知時，但卻沒有進一步點開查看，蔡根尼克效應會持續影響著我們的工作和生活。只有切斷這些來源，才能減少這種心理現象所帶來的負面影響。

因此，我們可以善用環境的提示，對生活環境進行微小的調整，減少與手機相關的不良習慣的提示，同時增加良好習慣的提示（例如運動、讀書等）。這些微小的環境改變能夠讓我們更容易形成良好的習慣。當在擺脫手機成癮的過程中遇到阻力時，有時不必強迫自己戒除手機的使用，而是稍微調整方向，對周圍環境做出微小變化，可能會產生出乎意料的好結果。

2. 增加使用手機行為的困難度

重複執行某些行為，會使大腦中的神經迴路變得固定，久而久之，這些行為就成為了習慣。由於習慣已經根深蒂固，大

部分時間你可能都沒有意識到正在發生的行為。

如果習慣帶來的結果是你期望的，那就讓習慣成為生活的一部分。然而，如果習慣帶來的結果是你不希望的，想要改變它就需要一些努力。試著增加壞習慣行為的執行難度，讓行為變得更加困難，這樣一來，行為發生的頻率就有機會降低，從而讓原有的神經迴路逐漸淡化甚至消失。

例如，如果你覺得在電玩上浪費太多時間，可以在每次玩完電玩後刪除遊戲應用程式。下次你想再玩時，就需要花時間下載並登錄，這樣習慣行為的執行就變得更為困難，改變的機會也就更大了。

3. 提升改變後結果的吸引力

如果我們能讓改變後的結果變得更具吸引力，就能激發大腦對這一變化抱有更高的期待。期待能夠促使大腦分泌更多的多巴胺，這將為改變提供更多的動力。例如，假設你希望戒除手機成癮，並且建立規律運動的習慣以減輕體重，你可以經常想像自己擁有健美的體態。這種想像過程越詳細越好，因為它能夠增加多巴胺的釋放量。

從神經心理學的角度來看，嚴格來說，人是無法戒除成癮的問題，但可以轉移成癮行為。換句話說，要戒除一個不良行為的成癮習慣，最好的方式就是幫助個體找到正向的行為替代，並協助他們在一段時間內持續進行，並給予他們機會從中獲得愉悅感。這樣一來，良好行為的成癮性質便能取代原本的不良成癮行為。舉例來說，當你想要戒除手機成癮時，可以將

注意力轉移到其他有趣且有益的活動上，例如運動、閱讀或與朋友交流，並且讓自己獲得在這些活動中的滿足感。

透過調整環境的提示、增加使用手機行為的困難度，以及提升改變後結果的吸引力，我們能夠有效地轉變不良習慣為良好習慣。這些方法基於神經科學的理解，可以提供手機成癮障礙者在自我照護中的應用。

總得來說，在成癮障礙症的自我照顧中，我們可以利用這些神經心理學的原理來幫助個體擺脫不良行為的成癮。這包括幫助他們認識到不良行為的負面影響，引導他們尋找替代的正向行為，並提供支持和鼓勵，讓他們在新的行為模式中獲得愉悅感。這樣的做法能夠幫助個體建立起更健康、更有益的生活模式，同時減少對不良成癮行為的依賴。

腦科學於諮商輔導的臨床運用

　　諮商是一個過程，藉由以腦功能爲基礎的心理衛教，助人工作者能夠幫助個案更好地理解他們所面臨的問題，並且明白這些問題並不是他們的錯誤，而是大腦運作出了一些問題。儘管這不是個案的責任，作爲大腦的主人，助人工作者可以幫助個案認識到他們在大腦出現問題時有責任幫助大腦進行調整。此外，在日常生活中，他們也需要讓自己的大腦保持良好的彈性，以減少出錯的機會。這個概念可以類比感冒時流鼻水的情境，流鼻水不是我們的錯，但是在生病時，我們有責任幫助身體康復，並且在日常生活中保持良好的健康狀態，以減少生病的機會。

　　以上的比喻類似於諮商心理學領域的敘事治療，透過讓個案將某些問題的情緒（或行爲）外化，使其能夠與問題分開，進一步激發改變的能力和動機。爲了讓以腦科學爲基礎的心理衛教更具效果，助人工作者需要擁有一個簡單清晰的理論架構。接下來的章節將探討神經心理諮商的理論架構，以及在臨床實務工作中如何操作。這將幫助助人工作者更好地應用神經心理學於諮商輔導中，並爲個案帶來更有效的幫助。

神經心理諮商理論架構

　　人類文明演進中，心理諮商這個專業的存在是爲了追求身心健康。要實現全方位的身心健康，助人工作者需要幫助個案建立良好的心理因應策略、健康的身體照顧策略，以及健全的社交策略。因此，心理學應運而生。

　　在心理學中，常見的心理學派包括精神分析、認知行爲治療、現實治療、敍事治療、完形治療等。不論你偏好或擅長哪個心理學派，作爲助人工作者，在臨床實踐中都需要針對個案問題作出適當的評估，並協助個案有效地度過人生困境。這些心理學派具有明確的理論架構，有助於助人工作者理解人性、解構問題、分析人與人之間的溝通模式。有了這樣的理論框架，助人工作者就能夠協助個案認識自己的問題，並引導他們解決遇到的困難。

　　神經心理諮商是心理學中的一個派別，其理論架構主要關注人類的記憶、感覺、情緒、想法、行爲以及互動溝通模式背後的神經訊號處理歷程。這領域的研究常使用神經影像技術來探討大腦中的神經電路、神經傳導物質等生理機制，以及與心理健康相關的因素，例如壓力和情緒等。這些研究成果有助於深入了解心理健康和疾病之間的關係，並能夠爲診斷和治療提供更有效的方法。

　　相較於傳統的神經心理學，神經心理諮商專注於心理健康病理學的研究，以及制定心理病理學相關的處遇計畫。本書將

深入介紹三種重要的神經心理諮商理論模式。

　　首先，克勞斯・格勞提出的「一致性理論模式（Consistency-theoretical model）」探討情緒和認知之間的一致性，以及如何通過調整兩者之間的平衡來實現心理健康。接著，羅索烏提出的「整合神經心理治療理論基礎要素模式（Integrated model of the base elements of the theory of neuropsychotherapy）」將神經科學和心理治療的基本元素整合在一起，爲諮商師提供了更全面的理論框架。最後，本書也會介紹我自己所提出的「整合神經心理諮商理論模式（Integrated neurocounseling theoretical model）」，它結合了神經科學和諮商的相關研究成果，能幫助諮商師更好地理解和應用神經心理學於實際工作中。

一致性理論模式

　　在神經心理諮商領域的發展過程中，我們必須提到知名學者克勞斯・格勞。他基於先前的研究成果，提出了「一致性理論模式」，該模式從神經心理學的角度幫助輔導人員理解精神病理學（Grawe, 2017）。這個理論模式強調了個體生理與環境的互動、人際關係與大腦功能之間的相互關係，以及記憶系統、情緒和認知等方面。教育和諮商專業人員可以根據神經心理學的評估結果，設計個別化的處遇計畫，並以相關的腦區和腦神經迴路爲依據，制定適當的介入策略。

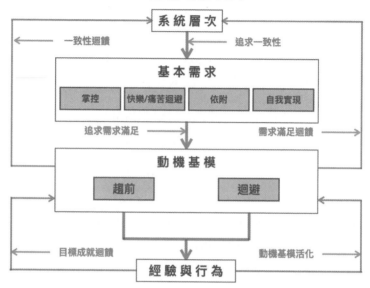

一致性理論模式

系統層次

一致性迴饋　　　　　　　　　　追求一致性

基本需求

掌控　　快樂/痛苦迴避　　依附　　自我實現

追求需求滿足　　　　　　　　　需求滿足迴饋

動機基模

趨前　　　　　　　　迴避

目標成就迴饋　　　　　　　　　動機基模活化

經驗與行為

　　「一致性理論模式」說明了人類的基本需求，包括掌控、避免痛苦、尋求快樂、依附和自我實現，以及動機的基本模式，包括趨前和迴避。這些需求和動機基本模式與個人的經驗和行為緊密相關。這個理論的提出是基於愛波斯坦（Epstein）的理論。愛波斯坦認為，只有滿足這些基本需求，包括掌控、依附、追求快樂、避免痛苦和保護自尊心，人們才能實現健康的發展。克勞斯·格勞進一步從神經科學的角度闡述了愛波斯坦的理論，認為大腦和周圍環境的互動過程中，如果無法滿足這些基本需求，大腦神經細胞的發育將受到阻礙。相反，如果這些基本需求得到滿足，大腦神經細胞的發

育就會健康發展。在早期的生命經驗中,神經細胞渴望滿足這些基本需求,這對發展至關重要。

克勞斯‧格勞提出的治療方法旨在幫助個體解決內心的矛盾和衝突,實現心理健康和幸福。「一致性理論模式」的核心理念是個體內部不同層面之間的一致性,當個體內部的不同層面(如認知、情緒、行為等)存在衝突和不一致時,可能導致心理困擾和心理健康問題。因此,「一致性理論模式」的目標是幫助個體實現不同層面之間的一致性,以促進心理健康和幸福。

在臨床運用「一致性理論模式」時,有多種方法可供選擇,包括認知重組、情緒調節和行為改變等技巧和策略。治療師與個案一起探索和解決內心的矛盾和衝突,幫助個案增強自我認知、情緒管理和行為適應能力。「一致性理論模式」強調個案的自主性和自我負責,鼓勵個案主動參與治療過程,並尋找符合自己價值和目標的一致性解決方案。在神經心理學中,治療師還會關注大腦和神經系統的功能和運作,以幫助個案更深入地理解自己的思維和情感過程,從而更有效地應對和管理情緒和行為。

整合神經心理治療理論基礎要素模式

根據實踐經驗和後續研究結果,有學者對前一章節提到的「一致性理論模式」進行了修正,並提出了名為「整合神

經心理治療理論基礎要素模式」的新理論模型（Dahlitz & Rossouw, 2014）。

整合神經心理治療理論基礎要素模式
(Integrated model of the base elements of the theory of neuropsychotherapy)

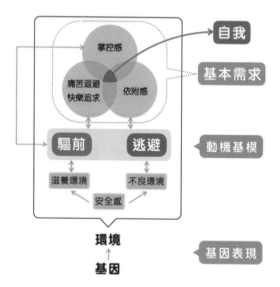

(Rossouw, 2014)

「整合神經心理治療理論基礎要素模式」是由羅索烏提出的一個綜合性理論模型，結合了神經科學、心理學和心理治療的基礎理論，旨在解釋心理治療過程中的基本要素。根據這個模型，人的心理健康和心理疾病是由多個層面的因素相互作用而形成的，包括生物學、心理學和社會學等多個層面。

在這個模型中，生物學因素在心理健康和心理疾病的形成和發展中起著重要作用，如基因、腦部結構和神經傳遞等對人

的心理和行為產生影響。同樣地，心理學因素如心理過程、心理結構、認知和情緒等對情感、思維和行為產生影響。此外，社會學因素如家庭、社會環境、文化和社會支持等對心理健康和心理疾病的形成和發展也具有重要作用。

這個模型強調這些基本要素之間的互動和統一性，認為它們在心理治療過程中相互作用，共同影響個體的心理健康和心理疾病。該模型提供了一個綜合性的理論基礎，有助於心理治療師在臨床實踐中更全面地理解和處理心理健康和心理疾病的問題。根據整合模型，心理治療應該綜合考慮生物學、心理學和社會學因素，在治療過程中針對個體的多個層面進行干預，以實現更全面和持久的治療效果。

相較於先前提到的「一致性理論模式」，「整合神經心理治療理論基礎要素模式」融合了神經科學、心理學和心理治療的元素，旨在促進身心整合和綜合性治療。相反，「一致性理論模式」是基於認知行為療法的一種治療方法，強調解決因認知和情感之間不一致而引起的心理困擾。此外，「整合神經心理治療理論基礎要素模式」融合了神經心理學的概念，例如大腦發展、神經傳遞和情感調節等，並結合了心理治療技巧，如情緒調節、冥想和情感解決等。而「一致性理論模式」則關注認知和情感之間的一致性，提供了一系列的技巧和策略，以幫助個人解決內在和外在的矛盾和困擾。

儘管「整合神經心理治療理論基礎要素模式」的理論架構比起「一致性理論模式」具有許多優勢，但在實際工作中，

根據我的臨床經驗，似乎無法很貼切地應用。例如，這個模式著重於探討與情緒有關的腦內隱藏記憶，如安全感和依附感，但卻低估了理智腦外顯記憶對人的影響。此外，該模型的理論深度和綜合性，可能使其對於初學者來說較難理解和應用。同時，這個模式也不太容易讓人一目了然地理解大腦結構的相對位置。

　　基於閱讀了許多關於神經心理諮商的書籍和研究文獻（特別是馬斯洛的需求層次理論），以及我的臨床經驗和腦部解剖的圖像概念，我對這個理論架構進行了相當大的修正。因此，我提出了一個新的理論架構，名爲「整合神經心理諮商理論模式（Integrated Neurocounseling Theoretical Model）」。

需求理論

自我實現

尊嚴
社交
安全
生理

這個模式專注於探討理智與情感兩者如何相互影響，並更加貼切地應用於諮商實務。同時，相較於前者，此模式更爲易懂且符合初學者的學習需求。此外，此模式還能夠幫助人們深入理解大腦結構的相對位置。

整合神經心理諮商理論模式

在我提出的「整合神經心理諮商理論模式」中，我將其分爲兩個主要部分：理智腦和情緒腦。從神經科學的角度來看，一個人的行爲是否合適，與大腦中的這兩個部分密切相關。理智腦或新腦位於大腦的新皮質區域，它負責思考「活著是爲了什麼？」，屬於我們的意識自我。而情緒腦或舊腦位於邊緣系統，它主要協助我們回答「如何才能活下來？」的問題，屬於我們的無意識自我。

意識自我可以進一步細分爲「我不要」、「我要做」和「我想要」三種動力，這些動力是我們意識到的、可以感知的。而無意識自我則可以進一步細分爲受「繁衍」、「依附」和「怕／愛」三種力量所影響，這些動力是我們無法在第一時間察覺的。這些動力來自於理智腦和情緒腦，並且深受我們的天生基因和周圍環境的影響，這在神經心理學領域被稱爲表觀遺傳學。

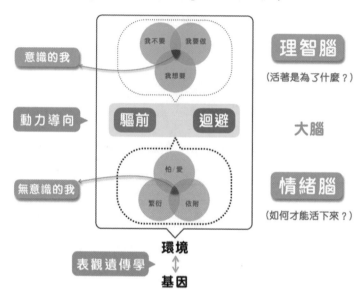

整合神經心理諮商理論模式
(Integrated neurocounseling theoretical model)

為了更好地解釋和說明這些修改和調整的原因，接下來我將根據來自情緒腦和理智腦的動力，進一步進行解釋和說明。

來自情緒腦的動力

在情緒腦中留下的記憶痕跡，有助於我們在面對外界刺激時快速做出相應反應。這是因為情緒腦在迅速識別潛在危險和威脅訊息方面具有優勢。一旦出現與情緒腦中的危險記憶相似的情境，情緒腦就會向其他大腦區域發送危險的訊號，以增加

我們的生存機會。

那麼，哪些訊息與我們的生存息息相關呢？人類的演化歷程大約有數十萬年，其中99%的時間，我們的演化驅動力不僅包括物種繁衍的需求，還包括對社群歸屬感的渴望以及逃離危險情境的本能。因此，只要涉及到與繁衍、社群歸屬和危險相關的情境，我們的大腦就會自動釋放不同的腦內激素。例如，多巴胺的釋放會引起我們對某些事物的渴望並做出行動反應；血清素的釋放有助於提升情緒，防止情感低落，讓我們感到掌控力；催產激素的釋放則有助於我們享受社群生活，建立支持和信任的關係；腦內啡的釋放則幫助我們緩解身體的疼痛，讓我們能夠堅持並完成任務。換言之，人類的演化過程使得我們對於食物、繁衍以及人際關係有著強烈的渴求。

・繁衍

動物本能存在的目的在於滿足生存和繁衍後代的需求。無論是人類還是其他動物，我們都根據本能來生活。人類的本能主要包括食慾和性慾，這是為了滿足我們基本的生存和繁衍需求。古人曾以「不孝有三，無後無大」以及「食色性也」來形容這些本能對我們的重要性，彰顯它們在生活中的重大影響力。

在人類的演化歷程中，我們的祖先並不容易捕獲獵物。因此，當他們有機會獲得高能量的食物，尤其是富含脂肪、糖分和鹽分的食物時，這些食物對他們的生存具有極大的價值。在

這樣的環境中，高糖、高油、高鹽的食物在我們的大腦中留下深深的印記，讓它們成為了無法抗拒的誘惑。這些記憶經由基因傳承，代代相傳至今。

由於基因的改變需要漫長的時間，數十萬年的演化使得這些基因印記至今仍然存在。即使現代人生活在食物充足的環境中，高卡路里的食物，特別是那些富含脂肪、糖分和鹽分的食物，往往仍然難以抗拒它們的誘惑。從演化的角度來看，這些印記也可以解釋為什麼我們會產生性衝動，以及為什麼高糖、高油、高鹽的食物對我們如此有吸引力。

當我們感到飢渴時，與獎賞機制和行為動機相關的大腦區域會發生一系列變化。這些變化與多巴胺的分泌和杏仁核的反應密切相關。多巴胺在我們的大腦中被視為一種提醒，提醒我們某些重要的事情。當與性和食物相關的刺激出現時，與獎賞機制和行為反應相關的神經迴路就會被啟動。即使只是聞到、看到或聽到與性和食物相關的訊息，大腦中的脊髓帶就會釋放出更多的多巴胺，這種反應類似於物質成癮患者的大腦反應。

然而，與成癮物質不同，性衝動和對高糖、高油、高鹽食物的渴望是在數十萬年演化後根深蒂固的本能。多巴胺讓我們產生渴望，驅使我們對性和食物產生動機，僅靠意志力來抑制這些衝動是相當困難的。

此外，談到繁衍後代，我們必須提及基因的變異，染色體上的基因註定會發生一定比例的變異。這種必然發生的變異使得物種有機會適應環境的變化。舉例來說，基因變異可能導致

每個人的神經迴路敏感度不同。有些人天生內向，他們的神經迴路較長，對刺激更敏感，容易感到壓力，因此在社交方面表現不佳。在過去的幾百年裡，社會更傾向於外向型的人，因為許多行業需要推銷技巧才能獲得成功，建立人脈也需要大量的社交互動。然而，在現代的網路時代，內向型人格開始有機會展現他們的優勢，他們可以透過網路與他人互動，而不必親自參與社交場合，因此神經迴路的敏感度也相對降低。此外，累積人脈的方式也變得更加多樣化，不再僅限於參加社交活動，網紅就是一個很好的例子。

基因的變異有助於物種適應環境的變化，對於繁衍後代具有益處。然而，對於個體或其家人而言，基因的變異卻可能帶來額外的負擔。基因的變異可能會帶來不同的特質和挑戰，因此了解和應對這些基因變異對於個體和家庭來說至關重要。

以上所述的生存演化和基因變異在我們的行為反應中留下了神經印記，這些反應通常是本能的，通常沒有辦法找到合宜的解釋原因。我特別將這種無法用理智來解釋的行為反應稱為「沒意識的行為反應」。

・依附

當一個嬰兒來到這個世界時，他同時受到物理和社會力量的雙重影響。物理力量指的是環境對嬰兒的作用，像是光線的刺激對視覺的發展有所助益，而聽覺和觸覺則對大腦的成長有重要的影響。社會力量則是指社會環境對嬰兒的影響，例如母

親的擁抱和父親與孩子的互動方式，這些都有助於嬰兒建立親密感。從神經心理學的角度來看，嬰兒期對大腦的發展至關重要。神經元在大腦中相互連結，並透過經驗建立新的聯繫。而我們的情緒調節能力，特別是早期生活經驗的影響，對這個過程有著密切的關聯。

孩童時期的親密關係和父母的管教方式對情緒調節和情感有著深遠的影響。依附記憶尤其與杏仁核有關。1960年，哈利‧哈洛（Harry Harlow）透過研究猴子，提出了依附相關的概念，他認為情感連結和身體接觸比食物更重要。而約翰‧鮑比（John Bowlby），一位英國精神病理學家，則提出了依附理論，認為動物嬰兒對於照顧者的依附是基於人類演化而來的本能機制。在早期的生命經驗中，嬰兒需要與重要他人（通常是父母）建立安全穩定的關係，以實現適當的身心發展。瑪麗‧愛因斯沃斯（Mary Ainsworth）進一步定義了不同的依附類型，包括安全型、焦慮矛盾型、逃避型和混亂型依附。

依附關係是心理學領域中一個極為重要的主題。即使在嬰兒只有一歲的時候，他們已經具備了一些表達自己和自由活動的能力，但當他們感到不安全時，他們仍然渴望建立與重要他人的安全依附關係，而這對於大腦的發育至關重要。

在孩子三歲之前，依附關係的形成對於大腦發育尤其關鍵。在這個時期，孩子主要透過視覺、聽覺和觸覺等感官來感受與重要他人的互動，而觸覺在其中扮演著不可或缺的角色。例如，父母的凝視、微笑以及與孩子的身體接觸，特別是皮膚

接觸，都有助於向孩子傳遞安全感的訊息。

　　當孩子感到不安全時，情緒中樞將發出警報訊號，刺激大腦進入戒備狀態。接著，內分泌系統和自主神經系統將協同工作，使身體能夠迅速應對危急情況。這種過度敏感的預警機制是人類在充滿危險的自然環境中生存下來的結果。在演化的過程中，那些沒有足夠敏感的物種早已被淘汰。

　　在精神醫療領域中，反應性依附障礙症和失抑制社會交往症是兩種與依附關係緊密相關的精神疾病。當孩童未能在早期與主要照顧者建立正常的依附關係時，他們的大腦中的人際互動內在模式可能變得混亂，進而在日常生活中出現人際互動和行為上的困難。反應性依附障礙症的孩子在遇到挫折時，往往不會尋求他人的安慰，也不會對他人的安慰做出反應，因此常常被認為性情乖戾。此外，他們在與他人互動和情緒反應方面可能表現出不適當的行為，有時甚至會出現情緒激動、悲傷和恐懼的反應。相反地，罹患失抑制社會交往症的孩子可能會對陌生人表現出過度親近的行為，缺乏警覺性。即使在陌生的環境中與重要的他人分離，他們也不會急於尋找照顧者。

　　依附與分離是建立在生理痛苦的神經系統基礎上的概念。研究顯示，負責生理痛苦的大腦區域與失去社交連結所引起的痛苦相似。就像服用止痛藥可以減輕生理痛苦一樣，失去社交連結所帶來的心理痛苦也可以得到緩解。這表明失去社交連結所引起的心理痛苦不僅僅是心理層面的痛苦，還會引起生理上的痛苦反應。

過去經歷不安全依附經驗的人在面對壓力時，他們的HPA軸（下丘腦—腦下垂體—腎上腺皮質軸）會更容易被激活，這意味著依附關係的影響是長期存在的。此外，如果在孩童早期形成依附關係的過程中受到虐待，這可能導致在成年後表現出無法控制的虐待行為。

　　一般來說，如果問題的依附關係發生在2-3歲之前，我們可能無法回憶起具體的情境。這是因為外顯記憶的形成需要海馬迴的參與，而海馬迴在三歲後才會逐漸成熟。然而，杏仁核是一個在出生後就相對成熟的區域，它能夠記憶1至2歲時發生的情緒和依附關係。因此，由依附關係驅動的無意識行為被稱為「潛意識的行為反應」。

・怕／愛

　　在面對危險情境時，我們的大腦主要依賴杏仁核做出判斷。杏仁核會解讀情境並釋放與危險相關的訊息，讓我們感到恐懼。杏仁核和大腦皮質之間有許多神經連結，這種結構使得杏仁核能夠影響大腦皮質的多個層面功能。然而，從大腦皮質到杏仁核的連結相對較少，這意味著當杏仁核感知到威脅時，我們的大腦思考能力就會受到影響。由於安全感的判斷來自杏仁核，它能夠在幾十毫秒內做出反應，而大腦皮質的思考過程通常需要超過500毫秒的時間。因此，在大腦皮質思考啟動之前，我們經常會受到杏仁核情緒記憶的影響而做出即時的回應。

在我之前的著作《當心理學遇到腦科學（一）：大腦如何感知這個世界》中，我們提到了中央杏仁核和背外側杏仁核。中央杏仁核就像是引爆開關，一旦接收到來自背外側杏仁核解讀周遭情境與危險相關的訊號，中央杏仁核就會被激活，並透過向大腦的多個區域發送訊息，引發所謂的「戰鬥或逃跑」反應。因此，在相似的情境下，人們產生驚恐發作也就不足為奇了。

如果害怕或創傷事件發生在三歲以後，此時大腦的海馬迴已經相對成熟，即使行為反應是基於杏仁核類似的記憶迴路所做出的即時回應，稍具覺察能力的個案在理智恢復後，還是可以理解自己為何會出現這樣的行為，因此這樣的行為被稱為「前意識的行為反應」。只有在極少數情境下，因為創傷實在太大，才會導致與外顯記憶斷鏈。在沒有專業的助人工作者指導下，個案不容易單靠理智思考出行為反應的原因，因此這樣的行為被稱為「潛意識的行為反應」。

除了杏仁核，背側紋狀體也參與無意識的行為反應。當腹側被蓋區到伏隔核的多巴胺神經迴路的獎賞系統被活化後，我們會愛上這個行為。多次的刺激後，多巴胺神經迴路的獎賞系統會由腹側紋狀體轉移到背側紋狀體，行為就變得自動化。這樣的自動化行為需要花一點心思才能留意到，也被稱為「前意識的行為反應」。

無意識的我

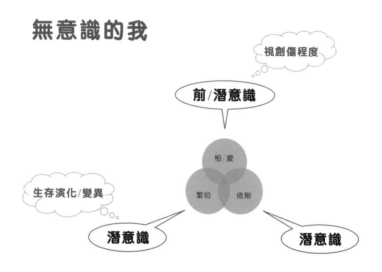

我所提出的整合神經心理諮商理論模式進一步將情緒腦的問題細分為「繁衍」、「依附」和「怕／愛」三個部分。因為不同問題的根源不同，解決問題的方法和方向也會有所不同。

來自理智腦的動力

相對於情緒腦，理智腦更加複雜。理智腦運作的基礎是因果關係，它透過邏輯推論來回應（response）外界的訊息，而不僅僅是根據相似性作出反應（reactive）。與此不同，情緒腦的細胞組織和神經化學變化較為簡單。

在大腦中，前額葉皮質是理智腦的關鍵調節區域之一。它負責控制和調節我們的行為和情感。前額葉皮質可以分為左、右和中間靠下三個區域，每個區域負責不同的認知和情感過

程。左前額葉皮質負責「我要做⋯⋯」的力量，右前額葉皮質負責「我不要⋯⋯」的力量，而中間靠下的區域則負責「我想要⋯⋯」的力量。這種區域的區分有助於我們更好地理解大腦在日常生活中做出選擇時的運作方式。

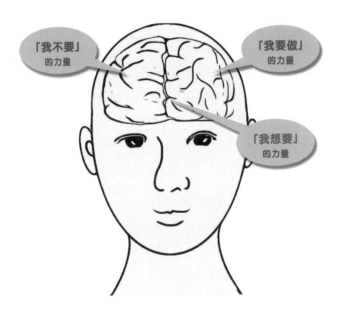

當然，我們要明白這種腦功能區域的劃分並不是絕對的，因為大腦的運作非常複雜。然而，這種前額葉皮質區域的概念確實為我們在日常生活中做出選擇提供了一種有益的思考策略。通過了解不同區域的功能特點，我們能夠更清楚地認識大腦的運作方式，從而做出更明智的選擇。

（一）掌控「我要做」的能力

在我們的大腦中，左大腦背外側前額葉皮質是一個非常重要的區域，負責協調高階認知和行為功能，例如計劃執行、決策制定和語言處理。這些功能直接關聯到我們控制和調節「我要做」的能力。當我們需要完成特定任務時，必須同時調節和協調注意力、記憶和情緒等多個方面，而左大腦背外側前額葉皮質在其中扮演著重要的角色。

此外，左大腦背外側前額葉皮質與我們的動機和目標密切相關。它能夠對外部刺激做出反應，並調節行為的執行，促進適應性的動作和決策。換言之，我們可以把左大腦背外側前額葉皮質視為負責掌控「我要做」的能力。

（二）掌控「我不要」的能力

位於大腦右側的右大腦背外側前額葉皮質也是一個在神經科學中扮演重要角色的區域。它涉及多種高階認知功能，如情感調節、注意力控制、抑制反應和工作記憶。

情感調節是指調控和管理情緒的能力，而注意力控制則是指選擇性地專注於特定事物並持續注意力的能力。抑制反應則是指抑制不必要的行為或反應，以達到更好的行為表現和適應。這些功能的發揮都需要「我不要」的力量，即能夠控制和調節自己的情緒、注意力和反應，以實現抑制某些行為並執行其他行為的目標。

（三）掌控「我想要」的能力

神經科學揭示了大腦中前扣帶迴的重要作用，它在情緒調節、認知控制和注意力等方面發揮著關鍵角色。這一區域被視為監控和調節行為、情緒反應和認知衝突的關鍵。此外，前扣帶迴還參與控制注意力和行為決策，對於掌控我們的行為和情感反應具有重要功能。它位於前額皮質中央，處於控制「我要做」和「我不要」之間的位置，與掌握「我想要」的力量密切相關。

前扣帶迴與大腦中的其他系統相互連接，包括注意力、情感和決策等系統，使其能夠調節這些系統之間的互動，以協調人們的行為和情感反應。特別值得注意的是，它與內側前額葉皮質之間存在著結構和功能上的聯繫。這兩者通過神經傳導纖維束相互連接，形成了重要的神經迴路。這些迴路參與了情感調節、情感體驗和自我反思等心理過程。

內側前額葉皮質位於大腦內側，對於我們的自我評價起著重要作用。自我評價涉及我們對自身身心狀態、能力和特質的評價，以及我們在社會和與他人互動中的地位。內側前額葉皮質協助我們思考自己是誰，思考過程中也涉及對人生價值的判斷，例如「我想要什麼？」、「為什麼我會成為現在的我？」。

在探討大腦中「我想要」的能力時，我們不能忽略與人生目標相關的腦神經科學。通常，當我們實現了我們期望的目標時，我們會感到開心，但這種開心的感覺並不會持續很久，因

爲我們很快就會開始思考下一個更高的目標。這是因爲人類的大腦在追求生活的意義時，需要一個稍微超越目前已實現目標的虛構目標，這樣才能刺激多巴胺的釋放，讓我們感受到生活的存在。這種神經心理學的觀點與叔本華所提出的「人受慾望所支配，慾望不被滿足就痛苦，慾望被滿足了就感到無聊」是相呼應的。從這個觀點來看，人類的一生就像鐘擺一樣，在這兩端不斷擺盪。

從腦神經科學的角度來看，虛構目標引導著我們的行爲。過去的記憶引導我們往前邁進，而我們在生活中所設定的虛構目標則會影響我們當下記憶的選擇。這些當下記憶的選擇又會透過夢的記憶固化過程，進一步影響我們過去的記憶。

總的來說，情緒腦的系統，幾乎是一天24小時全天候開啟，你甚至無法將它關閉。它運作起來消耗的能量相當低，反應非常快速及直覺，也會把一個大範圍的問題簡化爲一個簡單的問題。日常生活中，如果過度相信情緒腦的判斷，很有可能會變得相當不理性；相對來說，理智腦的系統，在大部分的時間都在休息，只有在你需要處理複雜任務時才會被開啟。它運作起來消耗的能量非常多，反應需要深思熟慮。

神經心理諮商實務操作

當談到諮商心理學時，我們不難發現市場上存在著許多不

同的派別和方法。這些方法的種類多不勝數，即使是諮商研究所的課程也有數十種之多。在本章節中，我將以正念和接受與承諾治療作為例子，說明如何運用腦科學於臨床實中。

此外，我還將進一步介紹我自己提出的「整合神經心理諮商理論模式」，並以實際案例作為例證。這種模式將神經科學、心理學和諮商理論相結合，提供了更全面的理解和介入方法，以幫助我們更好地解釋和處理心理健康問題。現在，讓我們一一來進一步介紹和說明這些概念。

腦科學於正念的運用

在人類大腦的演化過程中，我們獲得了一種獨特的能力，那就是抽象思考。這種能力使我們能夠在競爭中脫穎而出。然而，這種思考能力同時也成為我們精神痛苦的一個主要來源，因為我們經常沉浸在過去和未來的思緒之中。

在我們深入探討正念的腦科學之前，讓我們花一些時間思考一下我們的思維方式以及思想是如何產生的。你可能會發現，有時一些念頭會不知不覺地浮現出來，似乎毫無原因。在特定的情境下，你可能會發現自己不自覺地將某些事物聯想在一起，而這些聯想可能在無意識中進一步延伸。此外，有時候即使你注意到這些念頭的出現並試圖加以抑制，你會發現努力去抵制它們只會徒勞無功。

這些不斷湧現的念頭是由大腦中的記憶關聯性存取機制

所造成的。這個機制使我們能夠在競爭激烈的世界中更好地適應，並進化出一個預設模式網絡來評估自我價值。然而，這種機制在現代文明社會中並不總是有益的。過度的聯想和自動化思維可能導致妄念的產生。如果我們預設模式網絡所創造的想像世界與眞實世界存在很大差異，我們的注意力就會陷入過去和未來，無法眞正體驗當下寶貴的時刻。實際上，思考本身並不是問題所在，問題在於我們無法控制大腦的思緒。

我們的大腦僅占我們體重的2%，卻消耗著20%的能量，其中大部分能量被用於預設模式網絡的運作。如果我們能有效掌握預設模式網絡，就能擁有精力充沛的大腦。那麼，預設模式網絡爲何會過度聯想和自動化呢？這需要我們進一步討論杏仁核和內側前額葉皮質的作用。

杏仁核和內側前額葉皮質之間存在著雙向神經迴路。杏仁核傳遞與情緒刺激相關的訊息至內側前額葉皮質，而內側前額葉皮質則調節杏仁核的活動，以緩和情緒反應。由於生存的需要，杏仁核特別容易記住與危險相關的訊息。當我們遇到困難時，雖然杏仁核和內側前額葉皮質之間的連結是雙向的，但在壓力下，杏仁核會向內側前額葉皮質發出更強的訊號，導致我們對外界的評判容易產生負面和威脅性的解讀。此外，由於人類大腦被稱爲社會腦，表示我們特別關注他人的感受，卻常常忽略自己的需求。在華人社會的文化背景下，這種情況尤其明顯。

基於上述兩個原因，內側前額葉皮質容易迅速對過去和未

來產生負面詮釋，即使這些詮釋通常與客觀事實不符。從腦科學的角度來看，我們需要了解大腦在演化和社會文化背景下的運作傾向，並學會接受大腦自然運作的規律。這並不是我們的錯，而是人類普遍會有的自然反應。只有當我們真實地接受這一事實時，我們才能夠開始產生改變。

正念（Mindfulness）是一種經過科學驗證的方法，可以顯著降低我們預設模式網絡的活躍程度。在忙碌的生活中，我們有時候需要停下來，專注於當下的經驗，這就是正念的核心概念。透過有意識的方式，將我們的注意力集中在目前正在發生的事情上。這種練習能讓我們真切地感受到此刻生活中的狀態和體驗。我們可以以一種不帶評價的方式，透過觀察視覺、聽覺、嗅覺、觸覺、味覺以及身體感受的經驗，讓事物以其本來的樣貌呈現。

正念的練習有兩個重要的要素，讓我們深入探討這些要素是如何運作的。首先，我們有集中注意力（focused attention）。這意味著我們有意識地把注意力集中在某一個特定的事物上，這個事物可以是我們身體的感覺，像是呼吸、心跳、觸感或動作，也可以是外在的物體，如樹木或花朵。這種專注讓我們能夠更深入地體驗當下的經驗。另一個要素是開放監控（open monitoring），這指的是純粹觀察我們周遭正在發生的一切，而不需要做出評價或反應。這種觀察的方式讓我們能夠更客觀地看待事物，不受主觀詮釋的影響。透過開放監控，我們學會接納當下的狀態，不加以批判或評價。

你可能會問為什麼我們需要刻意讓思緒停留在當下，並以不帶評價的方式觀察。原因在於，我們的思緒很容易迷失在各種不同的想法中，例如擔心尚未發生的未來事件（焦慮）或困擾未完成的過去事情（懊悔）。這些思緒是我們對事情的詮釋，通常受到我們既有的觀念和過去經驗的影響。同樣的情境在不同人眼中可能有不同的解讀。這顯示這些思緒無法真實地反映事實，換句話說，未經觀察自動產生的思緒並不全然正確（通常是錯誤的機會更高）。事實與我們認為的狀態之間的關係並不是簡單的一對一對應關係。

　　簡單來說，思緒並不等同於事實，它們只是我們心中所發生的心理活動。然而，情緒和感受卻對我們的心態產生深遠的影響，就像透過一個特定的鏡頭，我們看到的是我們個人認知的世界。這種心態又會進一步影響我們的思考方式。當思緒和

情緒纏繞在一起時，我們很難只將思緒視為思緒，而不對其進行評價。當我們的大腦不再僅僅處理當下的問題，而是沉浸在一團混亂的思緒之中時，我們就會耗費過多的精力，陷入焦慮和後悔等負面情緒之中。這意味著，一旦我們超越了某個臨界點，我們就不再活在現實世界，而是沉迷於自己腦海中所創造的虛構世界。

然而，透過正念的練習，我們可以發現另一種認識世界的方式。這種方法讓我們直接面對當下的經驗，僅僅以觀察的態度對待，不加上任何標籤或評價。試著純粹感受和體驗，以一種純粹的方式去接受。這樣的理解讓我們體驗到純粹美好的感覺，這種美好立即連結到更大的自由和舒適感。如果我們能在日常生活中培養正念的習慣，相信隨著時間的推移，對腦中相關區域的活躍度會起到一定的影響。

正念覺察是一種保持開放態度並觀察內心狀態的方法。找到一個寧靜的空間，花幾分鐘的時間專注地感受自己的呼吸，讓身心平靜下來。同時，將一部分的注意力放在觀察腦中出現的畫面、情緒和想法上。不論觀察到什麼，請保持一點距離感，僅僅單純地認識腦中念頭的存在，而不需過度評價它們。這種方式有點像《金剛經》中所描述的「應無所住而生其心」，這句話能很好地解釋正念的含義。

正念的運用與佛陀在《金剛經》中的教導相呼應。《金剛經》是一段佛陀與須菩提的對話，強調了一個重要的觀念：「凡所有相，皆是虛妄，若見諸相非相，即見如來。」這意味

著我們所看到的一切都是虛妄的，如果我們能超越相像的觀念，就能夠認識到如來的真實本性。這也暗示著當我們產生一個念頭時，這個念頭會對我們之後的思考和判斷產生深遠的影響。因此，我們需要關注並掌握自己的念頭。如何減少每天內心所產生的妄念呢？《金剛經》中的「應無所住而生其心」為我們提供了一個方向。這句話的意思是，只有當我們不執著於任何事物時，我們才能開啟智慧和慈悲之心的門戶。我們不需要害怕妄念的湧現，而是要學會觀察它們的存在。

另外，我們還可以將正念與佛陀所提到的「四念處（身、受、心、法）」相結合。身指的是我們的身體，受指的是對外界刺激的感受，心指的是對感受產生的反應和執著，法指的是一切現象。佛陀認為修行應該從觀察自己開始，然後再觀察他人或外界。換句話說，我們從內在的身、受、心、法開始覺察，然後逐步擴展到外在的身、受、心、法的認知。最終，我們能夠全面觀察內外在的身、受、心、法，不再主觀地區分自己和他人，只是客觀地、不執著地、如實地觀察。佛陀在他的時代就領悟到了「如實知見」的智慧，用最純粹的心面對一切，並接納所有事物的本質。

從神經心理學的角度來看，我們可以理解正念為一種明心見性的過程。在臨床實踐中，進行明心見性的歷程意味著幫助個體減少對環境威脅的感受，讓他們重新體驗全然性和重要性，並使交感神經活性降低，副交感神經活性增加，進入一種相對平靜的狀態。在這種狀態下，我們可以幫助個體審視內在

感覺、妄念和內化的教條，然後再觀察外在世界的萬物。而「見性」則是協助個體以真實、無價值判斷的態度看待世界萬物的本性，達到大悟的境界。

正念的介入讓個體有機會打斷大腦自動化的腦神經迴路，例如專注於未來的擔憂或過去的懊悔，並為他們創造出產生新認知和行為選擇的機會。神經心理學在正念中的應用，簡單來說，就是利用腦科學的知識引導個體進行明心見性的過程。

從腦神經科學的觀點來看，當我們學習並實踐正念，專注於當下時，我們的大腦中與自我相關功能相關的區域，如內側前額葉和後扣帶迴，會減少神經活化，進而提升我們冷靜觀察事物的能力。研究發現，長期接受冥想訓練的人，在日常生活中和冥想時，他們大腦中負責情節記憶的後扣帶迴，以及負責自我監控、理性思考和達成目標的背側前扣帶迴和背外側前額葉皮質的神經元連結比一般人或初學者更加緊密。這些區域之間的神經迴路被強化，表示長期冥想者能夠監控內心湧現的念頭，不讓評價性的自動念頭左右自己，同時能夠專注於當下的工作狀態。

研究還發現，在進行正念冥想時，我們的大腦會釋放γ-氨基丁酸（GABA）等神經傳遞物質。對於容易衝動、自我控制能力較差的人來說，這有助於提升他們的自我約束能力。此外，冥想還能增加端粒酶的活性，進而影響細胞分裂的過程，減緩衰老速度。

此外，冥想還有助於放鬆身心、減緩緊張感和焦慮，同

時提升正面情緒、注意力和認知功能。冥想可以減少與負面情緒和焦慮相關的杏仁核活動，同時增加與正面情緒、注意力和認知功能相關的前額葉皮質和海馬迴的活動。此外，冥想還能促進腦內啡的釋放，有助於緩解疼痛並提升正面情緒。冥想通過抑制下丘腦-垂體-腎上腺軸的活動，降低皮質醇的分泌。下丘腦釋放的促腎上腺皮質激素（CRH）和腎上腺皮質激素（ACTH）與壓力反應有關，並且可能抑制腦內啡的釋放。當CRH和ACTH的分泌減少時，腦內啡的釋放就會增加。

正念的核心要素涉及集中注意力和開放監控，這兩者與自我密切相關。在自我方面，我們可以將其分為有意識和無意識兩個部分。無意識的自我是指我們的大腦持續監控和評估身體內部和周遭環境中的事物，這是透過化學變化和神經網絡的電位訊號實現的。通常，我們無法有意識地察覺到這些化學變化和神經訊號的改變。而有意識的自我則涉及通過視覺、聽覺、觸覺等感官訊息以及抽象思考等高級腦活動。然而，無意識的自我和有意識的自我並非完全分離，它們之間存在著一些重疊，其中一部分涉及到內在感受（interoception），也就是我們對身體微妙變化的感知。

內在感受與腦島密切相關。通常情況下，腦島是負責整合身體感覺訊號的區域，然後將這些訊號傳遞到內側前額葉皮質進行價值判斷。舉個例子，國三學生在會考前幾周可能會自動產生心跳加快、肌肉緊繃等身體感覺。這些感覺經由腦島整合後，會傳遞到內側前額葉皮質，很容易被解讀為對考試的不

安、擔心成績不好等負面的自我評價。然而，如果這些學生接受適當的正念訓練，腦島與內側前額葉皮質之間的神經連結將變得較弱。也就是說，當他們在考試前出現身體症狀時，負面自動化的自我評價就會減少，並且通過單純地觀察這些身體感覺一小段時間後，這些感覺也能夠自然地過去。

身體內在感受

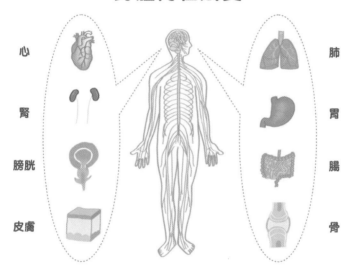

心
腎
膀胱
皮膚

肺
胃
腸
骨

　　根據腦神經科學的研究，要有意識地進入情緒的腦區，需要透過自我觀察，也就是需要活化內側前額葉皮質，去察覺我們來自身體的細微變化。這種自我觀察的能力可以幫助我們更深入地了解自己的情緒和內在狀態，並有效地應對壓力和情緒困擾。

如何有意識地覺察自我呢？學習正念的「讓念頭只是念頭」練習是一個很好的方法。以下是一個可以幫助你開始的步驟：

1. 找一個安靜獨處的空間，讓自己感到舒適且不受干擾。坐下來，並做幾次腹式呼吸，專注地感受每一次呼氣和吸氣。

2. 留意你的呼吸，讓它成為你專注的焦點。同時，也要留意你的心靈空間中出現的任何畫面、念頭或感受，就像它們是在你腦海中漂浮的雲。

3. 接下來，試著想像在你面前有一個大銀幕。將你剛才在腦海中浮現的畫面、念頭或感受投射到這個銀幕上。想像這些內容在銀幕上顯現，並保持觀察。

4. 有時候，這些內容會源源不斷地湧現，有時候則可能出現一段時間的空白。無論你觀察到什麼，試著與這個意識銀幕保持一些距離，只是純粹地觀察銀幕上的內容，不帶任何價值判斷。

5. 在這個過程中，如果你發現自己陷入價值判斷或思緒的感受中，試著調整自己與銀幕的距離，找到一個合適的位置重新觀察你腦海中的畫面、念頭或感受。

「讓念頭只是念頭」的練習是一種能夠幫助我們更好地處理困境的方法，這個練習包括覺察、承認和製造空間，最終能夠擴展我們的覺知能力。讓我們進一步深入了解這四個步驟。

第一步是覺察。根據腦科學的觀點，身體的感覺和情緒反應緊密相連。當我們感受到焦慮、恐懼、害怕或無助等負面情緒時，身體通常也會有相應的感覺，例如肌肉繃緊、心跳加速、呼吸急促等。因此，當遇到困境時，我們可以試著閉上眼睛，花幾秒鐘感受一下身體的每個部位，觀察哪些部位有比較強烈的感覺，然後將注意力轉移到這些部位，以好奇的態度去覺察這些感受。透過專注冥想，我們可以鍛鍊大腦的前扣帶迴和腦島，增強我們的覺知能力。

　　第二步是承認。在觀察感覺的同時，我們需要幫助自己識別出隨之而來的消極念頭，並承認這些感受和想法的存在。我們可以告訴自己這是大腦面對挑戰時的自然反應，不需要將它們視為不好或需要消除的東西。透過開放式監視冥想，我們可以幫助大腦的內側前額葉皮質不要過度活化，從而降低負面情緒的影響。

　　第三步是製造空間。這一步能夠協助我們學習如何觀察自己的想法在人際互動中產生的影響，而不是從自身的想法來看待人際互動。透過距離化的技巧，我們可以訓練顳頂交界處的腦區，使我們能夠清晰地看到自己的想法和情緒，進而更好地應對情境。

　　最後，第四步是擴展覺知。這一步協助我們看到內在的渴望，並探索更深層的價值觀，這需要我們更加了解內側前額葉皮質的功能。內側前額葉皮質負責詮釋生活方式和價值觀，並影響我們的決策和行為。通過培養對自身價值觀的覺知，我

們能夠更好地對待自己和他人，並在生活中做出更有意義的選擇。

　　正念的練習在日常生活中扮演著重要的角色。丹尼爾・席格教授提出的覺知之輪（wheel of awareness）也是一個我在臨床實踐中常常使用的有效架構（Siegel, 2016）。覺知之輪結合了腦科學和正念，幫助我們培養正念能力。這個概念讓正念的訓練變得更具體，透過一個形象的圖像來引導我們的練習。

　　讓我們想像一個旋轉的輪子，這個輪子的軸代表著我們的覺知，而輪框則代表著我們所觀察的對象。輪框可以被細分為四個象限，分別是感覺、身體內部感受、心智活動，以及與他人、社群和核心自我的關係。

　　第一個象限是感覺，包括視覺、觸感、聽覺、嗅覺和味覺。在這個象限中，我們專注於觀察和認識我們身體接收到的感官訊息，例如看到的景色、聽到的聲音、觸摸的感覺等等。第二個象限是身體內部感受，這包括疼痛、肌肉張力、器官功能和腸道感受等。我們通過關注自己的身體感受，了解身體在不同狀態下的反應，例如感到舒適或不舒適、緊繃或放鬆等。第三個象限是心智活動，這包括情緒、思想、信念、規則和渴望等內在的心理過程。在這個象限中，我們觀察和接納自己內在的思想和情感，不評價或評斷它們，只是單純地觀察。最後一個象限是與他人、社群和核心自我的關係。這包括我們與他人的互動、與社群的聯繫，以及我們對自己核心價值和身分的

認識。透過關注這個象限，我們可以更好地理解我們與他人之間的互動和關係，以及我們自己在這些關係中的角色和需求。

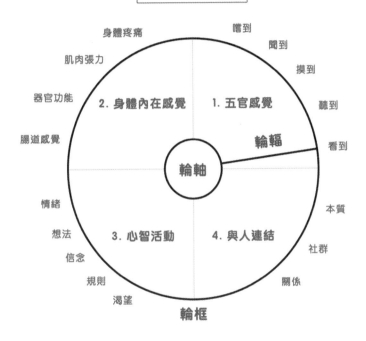

注意力就像輪輻，我們可以將注意力集中在每個象限的輪框上進行練習。完成一個象限的覺知練習後，我們將注意力拉回到輪子的中心，專注幾次呼吸，然後再進行下一個象限的練習。通過按照順序從第一象限到第四象限系統性地進行覺知練習，我們可以建立一種觀察自我的方式。特別是在第三象限的

練習中，我們可以注意不同的心智活動如何進入我們的意識層面。它們是突然出現還是逐漸浮現？又如何離開我們的意識層面？它們停留一段時間才消失還是短暫出現就消失了？如果這些心智活動之間有空白，我們對這個空白又有什麼樣的感覺？透過這樣的練習，我們可以清楚地觀察到自我和外在對象的覺知，並在意識層面下洞察和整合相關的資訊。

從神經心理學的角度來看，覺知之輪的訓練可以透過不同的技巧和方法活化特定的腦區，幫助我們認識內在的經驗，從而實現成長和進步。在臨床實踐中，我們可以從外部感官刺激開始，通過活化感覺運動區，讓自己的五官感受周遭環境的存在。然後，轉向內在感受和體驗，通過活化腦島和前扣帶迴區域，同時保持內側前額葉皮質的不活化，以達到專注和冥想的效果。

透過覺知之輪，我們能夠培養對自身和周遭世界的覺知能力。這種覺知的培養使我們更加深入地了解自己的感受、情緒和思維，並且能夠將這種覺知運用到自我成長和建立有意義的人際關係中。這種結合了神經科學和正念的實踐方法，為我們提供了一個實際而有效的工具，幫助我們實現身心平衡和心理健康的目標。

讓我們用一個故事來總結正念的重要性。正念是一種活在當下的狀態，就像佛學中的開悟體驗。有人問一位開悟的老和尚說：「你開悟前和開悟後的生活有何不同？」老和尚回答道：「開悟前，我每天的生活就是砍柴、挑水和做飯；開悟

後，我每天的生活仍然是砍柴、挑水和做飯。」儘管生活中的活動依然是相同的，但在開悟前，當砍柴時會想著挑水，挑水時會想著做飯，做飯時又會不自主地想著砍柴。然而，在開悟後，當砍柴時只專注於砍柴，挑水時只專注於挑水，做飯時只專注於做飯。這個故事簡潔而生動地描述了正念的核心意義。

腦科學於接受與承諾治療的運用

接受與承諾治療（Acceptance and Commitment Therapy, ACT）是由史蒂芬・海斯（Steven Hayes）及其同事於1980年代後期所提出的一種治療方法。這種治療方法融合了臨床行為分析、功能情境主義和關係框架理論等理論基礎，同時還吸收了東方佛學和禪宗的概念，非常適合運用於華人文化。

ACT被歸類為第三波行為治療的一種方法，與正念和辯證行為療法等方法密切相關。第一波行為治療強調科學驗證，認為治療應該建立在科學原則之上，並將人的行為視為古典和操作條件反射的結果。然而，這種將人視為動物進行訓練的方式過於簡單，過於著重於外在行為改變，無法應對臨床上複雜的問題。第二波行為治療則更注重思想如何導致心理問題，增加了對非理性思維的處理，但仍過於依賴機械觀點來分析人的心理問題。

在現代哲學思潮的發展下，治療方法也日新月異地關注問

題與情境之間的聯繫，並因此催生了第三波行為治療。其中，ACT作為核心治療法之一，對於第二波治療方法進行了修正，轉移了對於問題行為的關注重點，將焦點轉向心理現象發生的情境和功能。

透過ACT的學習，我們能夠接受內在的經驗，包括負面情緒和不適應的思維模式，並將注意力集中在當下的此刻，培養正念的能力。同時，ACT也強調發現和承諾個人價值觀，幫助我們明確自己的核心價值，並為實現這些價值而付出努力。透過意圖行動和承諾，我們可以建立一種更有意義的生活方式，並在面對困難和痛苦時保持柔軟和富有彈性。

痛苦是人類生活中正常的一部分，這是ACT的核心觀點。如果我們試圖逃避這些痛苦，我們將陷入經驗逃避和思考糾結的困境，這反而會造成更多的心理困擾。ACT使用了FEAR這個詞來描述心理問題，它的四個字母分別代表認知融合（Fusion with thoughts）、經驗評價（Evaluation of experience）、迴避經驗（Avoidance of experience）以及為行為找理由（Reason-giving for behavior）。ACT的關鍵在於接受症狀，因為問題本身並不是真正的問題，真正的問題在於我們與問題之間的關係。

為了對應這四個不健康的核心問題，ACT提供了三個描述健康生活的原則：接受反應活在當下（Accept reactions and be present）、選擇價值觀方向（Choose a valued direction）以及採取行動（Take action）。ACT強調將所選

擇的價值觀付諸行動，因此通常不拆開來唸，直接以「act」來發音。

　　在臨床實踐中，ACT治療師運用六邊型心理治療模式來幫助個案培養心理彈性，走出心理困境。這六邊型心理治療模式包括觀察自我、認知脫鉤、全然接受、接觸當下、價值澄清以及承諾行動這六個核心原則（Hayes, Luoma, Bond, Masuda, & Lillis, 2006）。

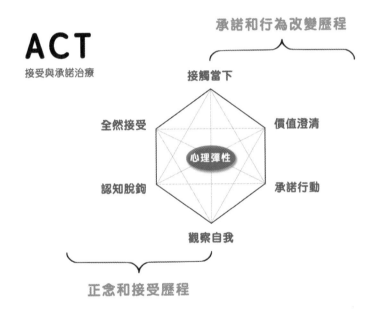

　　ACT與認知行為療法在某些方面有所不同。認知行為療法的治療師通常教導個案使用一系列方法來改變他們的想法，以調整相關的行為和情緒問題。然而，ACT的治療師則協助個案

僅僅觀察和接納困擾他們的想法、情緒和行為，特別是過去那些不想要的內在事件。相較於正念，ACT強調觀察自我、認知脫鉤、全然接受、接觸當下等過程，而價值澄清和承諾行動則屬於行為療法的範疇。

ACT如何強化我們大腦的腦肌力呢？在了解ACT的基本概念後，我們可以透過實踐這些原則來鍛鍊大腦不同區域的腦肌力。這包括觀察自我、認知脫鉤、全然接受、接觸當下、價值澄清以及承諾行動的學習過程。接下來，我們將介紹如何將神經科學的相關知識應用於ACT的六大核心原則上。

1. 觀察自我

ACT的理論基礎是以臨床行為分析、功能情境主義、與關係框架理論作為架構。當我們面臨困擾時，重要的是要意識到事件本身並不是最重要的，因為它們只是在特定的時空背景下發生。我們可以利用大腦中負責心智化功能的顳頂交界區，從社會脈絡的角度來觀察自己的問題。這種觀察方式能夠讓我們更全面地了解問題，將其置於整體情境中。

觀察自我還包括深入理解心理學中所強調的三個層次的心理覺察：「我知道」、「我知道你的知道」和「我知道你知道我的知道」。這些層次的心理覺察幫助我們更清楚地意識到自己的內在狀態、他人對我們的觀察以及我們對他人觀察的認知。

通過這樣的觀察自我過程，我們能夠更好地理解自己所面臨的困境，從而為實施有效的自我照顧和進行諮商輔導、心理治療提供基礎。

2. 認知脫鉤

ACT是一門整合了人類語言和認知屬性的科學，在人類的演化過程中，語言在大腦中產生了雙向關聯性。舉個例子，當我們聽到「雨傘」這個詞語時，大腦會立即浮現相應的形象，並與「雨傘」相關的功能聯繫在一起。這種聯繫能力讓我們能夠將環境中的各種事物、想法和感受聯繫在一起，也是我們相較其他動物的優勢之一。

雙向關聯性
人類語言

雨傘

　　那麼，關聯性的思考能力是如何在大腦中啟動的呢？我們知道後扣帶迴和顳葉內側腦區（如內嗅皮質和旁海馬迴）在這個過程中扮演重要角色。這些區域負責情節記憶和關聯性學習，同時也與內在指向的認知、自傳式記憶的提取以及未來規劃等腦功能相關聯。此外，後扣帶迴還與前額葉內側皮質有聯繫。

　　當我們的大腦中的後扣帶迴和顳葉內側腦區被啟動時，我們會不斷浮現與過去和未來相關的畫面，並開始思考自己和他人之間的事情。這種思考模式可能會使我們難以專注於當下，陷入沉思的心理困境中。當與痛苦相關的內容進入大腦時，我們可能會感受到心理上的痛苦，甚至在腦海中不斷閃現。

　　當我們陷入心理困境時，往往本能地希望努力去擺脫它。然而，如果我們不斷地掙扎並試圖逃離，反而可能使困境變得更加深重，就像被流沙吞噬一般。當我們用更大的力量往下

推，壓力反而會增加，結果我們只會陷得更深，無法自拔。這就像在流沙中掙扎，越努力，越難擺脫困境。因此，我們在面對心理困境時，排除痛苦並不能真正解決問題，反而可能讓痛苦變得更加劇烈。換句話說，心理痛苦的程度取決於我們對痛苦的注意力所投入的程度。

作為幫助他人的專業人士，我們可以教導個案如何避免過度執著於內在的思想、情緒或記憶經驗。我們可以幫助他們學習觀察自己的思考，並保持與自己思考之間的距離。這樣，個案就能夠轉換觀點，以旁觀者的身分來看待自己的思想。這種觀察思考的能力可以讓個案更加靈活地應對內在的痛苦，並更好地將注意力集中在當下的經驗上。

3. 全然接受

當我們的思緒受到壓抑時，經常會出現所謂的「白熊效應」。即使我們告訴自己「別想白熊」，大腦卻會自動浮現出白熊的形象。這意味著試圖忘記某事的結果，反而使我們更難以忘記。心理困擾就像是流沙一樣，當我們陷入其中時，本能地想要奮力掙脫。然而，逃離流沙的最佳方法卻是放鬆自己，讓身體自然鬆開，增加與流沙接觸的面積。這樣或許能夠使我們停留在原地，甚至慢慢滾動，逐漸擺脫困境。

因此，當個案面臨心理困擾時，作為助人工作者的我們可以鼓勵他們接納大腦中浮現的各種念頭、動機和形象等心理活動。此時，重要的是不要啟動大腦的前額葉皮質抑制和價值

判斷功能，而是純粹地觀察這些心理活動，並保持一定的距離感。這種觀察的方式能夠為改變創造契機。

4. 接觸當下

作為助人工作者，我們鼓勵個案更深入地體驗當下的世界，以增強他們心理的彈性。協助個案有意識地專注於目前所處的環境，最佳的方式是透過五官感官純粹地體驗周遭的事物。

透過五官感官的純粹體驗，我們可以更深入地感知周遭的環境。我們可以觀察自然景色的美麗，感受陽光的溫暖，聆聽風吹樹葉的聲音，嗅到花朵的芬芳，甚至感受土壤的觸感。這樣的體驗有助於我們與大自然連結，為我們帶來平靜和喜悅。

同樣地，我們也可以將這種深入體驗的方式應用於人際關係中。當我們與他人交流時，我們可以更加專注地聆聽對方的言語、觀察他們的表情和身體語言。這樣的細微觀察可以幫助我們更好地理解對方的情感和需求，促進更有效的溝通和互動。

5. 價值澄清

ACT是一種基於功能情境主義架構的治療法，其治療過程極為重視目標的確立。ACT 的主要目標是鼓勵個案發現並確立真正渴望的人生方向，並引導他們邁向與個人價值觀相一致的生活。

透過鍛鍊內側前額葉皮質，ACT 增強了行為與結果的判斷能力，以及對相關思想（後設認知）的思考能力。協助個案深入思考和探索，發現什麼對他們而言是真正重要和有意義的。明確的價值觀能夠指引個案的行為和決策，幫助他們在日常生活中做出與自己價值相符的選擇。

6. 承諾行動

ACT不僅僅是一種基於接受的治療方法，它也是一種鼓勵積極改變的治療方式。在這種治療中，助人工作者會引導個案先了解自己追求的價值目標，然後啟動大腦兩側的不同區域，以促使積極的思考和行動。

通過啟動右腦背外側前額葉皮質，個案被鼓勵思考「我不要……」，這有助於辨識出那些阻礙他們達到目標的負面思維模式或行為。同時，助人工作者也會啟動左腦背外側前額葉皮質，讓個案思考「我要做……」，這有助於激發他們對於正向行動和自我成長的動力。

透過這種綜合的方法，助人工作者可以進一步協助個案根據自己的價值觀制定具體可行的行動計劃，以實現這些價值。這包括設定小目標、制定時間表和具體行動步驟。

ACT可以改變大腦的運作方式，幫助我們創造有意義的人生，就像王陽明所說的「知是行之始，行是知之成」。我們的大腦天生傾向於從負面角度解讀事物，這是演化過程中形成的

本能反應。然而，通過學習接受這些反應，並活在當下，我們可以培養靈敏的觀察力，意識到內在前額葉皮質對於生命的意義和價值。

在ACT的過程中，我們激活了大腦的背外側前額葉皮質區域，這使我們能夠行動起來，獲得更多生命的活力和意義。這個過程與聖嚴法師所提出的「面對它、接受它、處理它、放下它」的人生哲學有著相似之處。通過反覆執行這些新的生活方式，我們可以在海馬迴和大腦皮質之間建立新的聯繫。當我們入睡時，夢境協助我們將這些新的神經迴路融入舊有的迴路中。

總的來說，結合神經心理學與ACT，我們能夠更深入地理解人腦和心理運作之間的關係。透過神經科學的研究成果，我們能夠更清楚地了解思想、情緒和行為的神經基礎。這種瞭解不僅能加強ACT的效果，還能為我們提供更具體和個別化的介入方法。

整合神經心理諮商理論模式實務運用

神經心理諮商的歷程，通常可以分為四階段：第一階段心理困擾分析、第二階段分享腦功能科學、第三階段洞察程度評估、第二階段鍛鍊健康腦肌力。以下就神經心理諮商的歷程，分別做進一步的介紹與說明：

第一階段：心理困擾分析

作爲一位助人工作者，你在與個案建立關係的初期，可能會運用不同的心理學派技巧來幫助他們釐清目前的心理困擾。無論你使用哪種方法，融入、傾聽、確認和澄清目標等技巧都是很重要的。當你傾聽個案的問題時，你可能會使用蘇格拉底式的問句，將問題分解爲想法、情緒和行爲三個部分。

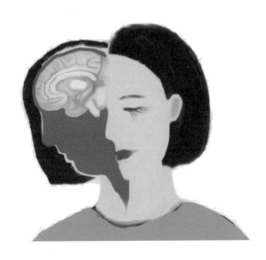

在初步了解個案問題之後，神經心理諮商取向的助人工作者會進一步將心理困擾與腦功能運作做連結，並使用神經心理學的術語來描述可能的機制。這樣做有助於我們更深入地了解問題的本質。同時，以平等合作的態度邀請個案對自己大腦的神經運作產生好奇心，這有助於他們對治療過程更有投入感。

★運用「整合神經心理諮商理論模式」做個案概念化

　　每個人的當下自我狀態由三個要素組成：過去的記憶、當下的感覺和未來的推論。這些要素相互關聯且相互影響，共同塑造我們當下的自我感受。過去的記憶和未來的推論影響著我們當下的感覺，而未來的推論是基於過去的記憶進一步推論而來。同時，當下的感覺隨著時間流逝又成爲過去的記憶。這三個狀態密不可分，相互作用，共同構成了我們當下的自我感受。儘管我們難以直接控制過去的記憶和未來的推論，但我們可以透過調整當下的感覺來朝著幸福和快樂的目標邁進。

　　爲了幫助讀者更好地理解如何運用本書中提出的「整合神經心理諮商理論模式」進行個案概念化，接下來將以社交焦慮症（social anxiety disorder）爲例進行進一步的說明和解釋。

　　小明，20歲，是一位大一休學的男學生。他被診斷出患有社交焦慮症。對於許多社交場合，社交焦慮症患者通常感到極度不安，並且過度擔心。他們可能會出現多種生理症狀，例如流汗、心悸、臉紅、顫抖、呼吸急促等，同時內心迫切希望能夠立卽逃離該場合的衝動。小明之所以決定休學是因爲每當他置身於學校人多的場合時，他總是感到其他人在關注他、評論他。這種成爲他人目光焦點的感覺讓他感到不安，坐立不安。有時甚至出現呼吸困難、頭暈目眩等生理症狀。由於無法在學校進行正常的社交活動，他決定辦理休學，並在家中休養。

　　這並不是小明第一次休學。在高中時期，他也因爲上述問

題休學了一年。媽媽認爲年輕人不能一直待在家中，因此鼓勵小明去看心理醫生並陪同他前往心身科就診。以下是運用整合神經心理諮商理論模式來概念化小明個案的案例說明。

1. 前驅因素

小明的媽媽在多次就診後向醫師提及，她自己在學生時代也曾出現與小明相似的症狀。研究顯示，約有30%的社交焦慮症患者具有遺傳體質。如果個案的家族中有社交焦慮症的病史，那麼個案罹患社交焦慮症的風險將是一般人的2至3倍。換句話說，小明天生就擁有比其他人更敏感的杏仁核，這是因爲他的基因所造成的。

小明的媽媽描述了他出生後的情況，因爲父母經濟壓力大，忙於工作，無法照顧他。在3歲之前的大部分時間，小明都待在鄉下年邁的奶奶家，只能提供基本生理需求的照顧。然而，奶奶曾經中風，對小明在嬰兒期的哭鬧和需要關心時總是耐不住性子，要麼大聲呵斥，要麼無視他的哭聲。小明在3歲以前奶奶的教養模式下，形成了不安全依附感的內隱記憶刻痕，使他對失去、被拋棄和缺乏安全感產生莫名的異常反應。

另外，小明的媽媽也提到，小明3歲後，由於家庭經濟稍有改善，他回到城市和父母一起生活。然而，在小明的童年時期，由於父親有強迫症特質，無法容忍小明犯下任何錯誤，即使小明還不足以應對所面臨的問題，父親仍會對他有較高的檢視和要求。這使得小明的腦海中經常浮現父親告誡他的場景。

不論是天生還是後天因父親高標準的教養方式，小明情

緒腦中的內在記憶被刻畫為「被他人不斷審視」和「自己毫無價值」的訊息，這使得小明在面對人群時，他的杏仁核很容易被激活。當杏仁核被激活時，會產生過多的腎上腺素、正腎上腺素和壓力荷爾蒙皮質醇，使小明對周圍的人和事變得非常敏感，處於隨時準備「戰鬥或逃跑」的狀態。

長期處於壓力狀態下產生的皮質醇會對大腦中的海馬迴皮質造成損害，降低小明的學習能力，也減弱了海馬迴對調節杏仁核活化的功能，導致杏仁核長期處於活化狀態。由於長期活化，杏仁核的體積變大，尤其是右側的杏仁核。體積增大的杏仁核使小明對周圍環境更加敏感，特別是對負面訊息的反應，進而形成一個惡性循環，產生壓力反應。

進入青少年時期，性荷爾蒙的作用使上述問題更加突出。在國中時期，小明開始出現社交焦慮症的相關症狀，例如坐立不安、呼吸急促、擔心被他人審視的言行舉止，內心產生無法控制的小劇場，進而避免社交場合。到了高中，這些症狀加劇，甚至嚴重到無法上學，因此他休學了一個學期。

2. 觸發因素

有一位和小明在高中就讀相同系所的同學得知小明曾因社交焦慮症而休學。在某次同學的社交場合中，談到了小明罹患社交焦慮症的相關症狀。此後，一些同學不經意地以半開玩笑的方式提起，當然也有些同學以關心的態度詢問小明。對於不擅於社交的小明來說，他總是感到羞愧和焦慮，不知道如何回應同學們的詢問。

這種過度活化的害怕反應使得前扣帶迴無法正常發揮功能，導致在預期或遇到與同學的社交場合時，小明經歷社交焦慮症的相關症狀。

3. 持續因素

　　每當遇到社交場合，小明的情緒腦中的警報器就會立即響起。腎上腺素從腦下垂體釋放出來，引發許多壓力相關的生理症狀，例如出汗、心跳加速、臉紅、顫抖和呼吸急促等。為了緩解社交場合帶來的不適，小明選擇迴避人群，有時甚至倚賴飲酒來緩解身體的緊張狀態。

　　迴避人群雖然能立即緩解害怕帶來的壓力反應，使小明暫時感到好些。然而，迴避人群的結果卻讓小明失去了學習和培養有效人際應對技巧的機會。此外，長期酗酒也會損害前額葉皮質的功能。由於前額葉皮質無法適當發揮功能，社交焦慮症將持續惡化。

4. 處遇計畫

　　當面對社交焦慮困擾的小明時，他的大腦中的杏仁核過度活化，控制著他的理智腦，導致社交焦慮症狀的出現。因此，在諮商初期，助人工作者需要在適當的時機幫助小明了解社交場合中身心症狀和大腦運作之間的關聯性。

　　根據赫布理論，當兩個神經細胞同時被激活時，它們之間的連結會變得更強。而梅策尼希原則提出，如果兩個神經細胞停止同時被激活，它們之間的連結就會變得薄弱。因此，在諮商初期，助人工作者需要思考如何協助小明避免重複觸發社

交不適的腦神經迴路，並鼓勵他走向更健康和適當的腦神經迴路。

　　首先，透過同理心、腹式呼吸、肌肉放鬆和著陸等技巧，可以幫助小明的杏仁核冷卻下來，使大腦的血流有機會重新回到理智腦區。接著，協助活化小明理智腦後，特別是左側前額葉皮質的背外側，以幫助他學習應對社交困境的方法。同時，也可以協助小明在面對社交場合時進行暴露練習，逐漸淡化不適當腦神經迴路的連結，例如運用系統減敏感法和洪水法等。通過減弱不適當腦神經迴路的連結，可以減少社交焦慮症帶來的負面影響。

　　如果通過上述方法鍛鍊小明的理智腦後，他的社交焦慮症狀未能獲得理想的改善，可能需要考慮運用其他心理治療方法，協助小明改寫早期生命經驗中的記憶刻痕。我們知道，一旦杏仁核被啟動，它在大腦中具有絕對的主導權。有時僅僅透過同理心、著陸和理智腦的活化等技巧是無法有效緩解杏仁核的活化的。此時，改寫早期生命經驗中的杏仁核神經刻痕就很重要了。透過改寫早期生命經驗，讓小明杏仁核中「他人無時無刻都在檢視自己」和「自己是沒有用的」等記憶刻痕建立不同的神經連結。這樣，小明有機會對原本令他害怕的社交場合產生不同的詮釋，不再只有害怕這一種解釋。

　　這樣的處理計畫可以運用神經心理學的知識，幫助小明克服社交焦慮困擾，改善他的心理狀態和生活品質。同時，這也展示了神經心理學在諮商輔導中的實際應用價值。

★邀請個案對自己大腦運作的神經機制產生好奇心

當我們作爲助人者對個案的心理問題有了基於腦神經科學的初步概念化後，下一步就是在適當的時間點，運用以下問題來開啟與個案分享腦功能科學和全方位身心健康概念的良好時機：

「在我們剛剛的談話中，我們討論了一些困擾你的想法、感受和行爲等問題。根據我之前幫助過類似困擾的個案的經驗，如果我們從腦功能的角度來了解你目前的情況，例如……，或許我們能夠找到一些解決方案。對於這樣的想法，你有什麼感覺？」

「關於你的大腦，你對它的了解有多少呢？」

「透過日常的一些小練習來改善你的腦迴路，你的問題有機會得到改善。對於這個想法，你有什麼看法？」

「是什麼原因讓你對通過改善腦迴路來改善問題感到興趣？」

「關於如何透過改變你的腦迴路來改善問題，你目前了解多少？」

上述問題的主要目的是詢問個案對「從腦功能科學的角度來看待自己的問題行爲，他們對此的理解程度如何？」如果個案對於運用腦功能科學來理解自己的問題感到好奇，但對於腦功能科學的知識不夠清楚，助人者就可以進入神經心理諮商的第二階段：分享相關的腦科學知識。在這個階段，助人者可以

通過神經心理教育的方式讓個案理解自己問題行為與大腦功能運作的相關聯性。

第二階段：分享相關腦科學

在這個階段，作為一位助人者，你的主要任務是與個案分享腦功能科學以及全方位的身心健康概念。在初步了解個案問題後，你可以根據他們的需求選擇適合的腦功能科學知識與他們分享。除了挑選合適的腦功能科學知識外，你在提供腦科學相關知識給個案時的意圖和態度在神經心理諮商中也起著重要的作用。

在分享腦科學知識時，你可以應用動機式晤談法的三個步驟來提供訊息，或是運用E-P-E（誘發─提供─誘發）溝通的方式。這種架構可以幫助你與個案分享神經心理學的相關知識，並激發他們的改變。當然，若想深入了解動機式晤談法的相關內容，我也建議你參閱我的另一本著作《強化動機　承諾改變：動機式晤談實務工作手冊》。

在神經心理諮商過程中，我們需要注意的一點是，在提供腦神經科學概念時，我們應該以一種探索的觀點來與個案互動，而不是以一種絕對真理的態度來說服他們。至今為止，關於腦科學的研究發現，仍有很多部分是科學尚未完全理解的。因此，在運用腦科學來推論人們的心理和行為時，我們需要保持謹慎的態度，而不是過於武斷。

在運用神經心理學進行諮商時，我們必須尊重個案的自主

性。當將身心問題與腦神經科學相連結時，助人者應該以引導的方式進行，而不是將相關腦科學知識強加於個案身上。神經心理諮商強調訊息的分享和引發，而非單向傳遞。

第三階段：洞察程度評估

要評估一個人改變的準備程度，我們需要考慮個案對問題的覺察程度以及相信自己能夠做出改變的信心程度。在這個階段，作為助人者，我們可以問個案：「當你了解到你的問題與腦科學之間的關聯後，你有什麼想法和感受？」這樣的問題可以幫助我們評估個案對自己問題的洞察程度。

不同的助人工作模式有不同的方法來評估個案的動機。例如，在焦點解決的助人工作模式中，我們需要在初次會談中確定個案的類型（例如訪問者、抱怨者或消費者）。在動機式晤談中，波巧斯卡（Prochaska）和笛可利米堤（DiClemente）在1982年提出了改變循環輪（也稱為跨理論模式），它提供了助人工作者一個觀察個案改變過程的參考框架。

此外，作為助人者，我們不僅需要被動地觀察個案所處的動機階段，還需要積極地透過對話喚起個案內在的動機。內在的動機比外在的動機更強烈，也更能夠激發人們做出改變。如果你想深入了解動機式晤談法如何評估動機並促使個案增強改變的動機，可以參考我的另一本著作《強化動機 承諾改變：動機式晤談實務工作手冊》。

如果個案能以腦科學的概念來解釋自己的問題，並且具備高度的改變動機，助人者就可以準備進入神經心理諮商的第四階段：鍛鍊健康腦肌力。

第四階段：鍛鍊健康腦肌力

在這個階段，作為助人工作者，我們將根據個案的不同問題，提供個別化的腦肌力鍛鍊方法，並邀請個案參與這個過程。作為個案腦肌力鍛鍊的教練，我們會聚焦於負責內在語言的布羅卡區，提供個案所需的信息，並協助個案修正和鍛鍊的方法。同時，我們也需要扮演諮商師的角色，提供情感支持，並適度給予鼓勵，讓個案在遇到困難時不會失去勇氣退回原點。

在協助個案鍛鍊健康腦肌力的過程中，我們將運用腦科學作為諮商方向的指引，並結合心理學的相關技巧，豐富我們的處遇計畫。我們將以前面章節所提到的「整合神經心理諮商理論模式」為架構，作為我們諮商方向的指引。同時，我們將依據問題來源於理智腦或情緒腦的不同，分別解釋如何運用不同心理學派的技巧來鍛鍊出健康的腦肌力。

（一）理智腦的問題

當問題涉及到理智腦時，這通常意味著個案能夠自覺地察覺到行為、情緒或思想方面的問題。舉個例子，個案可能因為即將到來的報告感到擔憂，擔心表現不佳會被同學取笑，這種焦慮感和失眠困擾了他好幾天。又或者，個案可能因為去年購買了不應該買的股票而蒙受巨大損失，導致目前生活陷入困境，一直陷入後悔的思緒中，並且對外界束手無策。

由於個案能夠意識到問題的存在並能夠表達相關的推論，因此輔導專業人士可以運用心理學的方法來專注於當下和未來的討論。在這些方法中，有一些被廣泛運用的技巧，例如動機式晤談、焦點解決短期諮商、現實治療、認知行為治療和人際溝通分析。

這些方法的核心在於助人專業人士將關注點放在個案目前的困境和未來的目標上，幫助個案找到解決問題的動力，並尋求具體的解決方案。在與個案合作制定目標時，他們會鼓勵個案思考解決問題的策略，提供實際的工具和技巧，以及加強人際交流和溝通能力。

· 覺察習慣性互動

大腦是一個演化的產物，因此我們對他人的互動特別敏感，這也是為什麼我們把大腦稱為社會腦。很多時候，我們所面臨的困擾都與人際互動有關。因此，讓受困的個案意識到自己與他人互動方式以及問題發生的關聯性，通常是解決問題的第一步。

儘管問題起源於理性思考，個案在意識層面上能夠意識到問題發生的原因和推論。然而，這些推論可能已經被反覆使用數百次、數千次，導致了基底核的激活。基底核是負責形成自動化習慣的結構，涉及想法、情緒和行為的自動化。這些推論變成了個案習以為常的處事信念、規則或教條。因此，個案很難在問題發生的當下意識到這一點，因為基底核的自動化習慣反應已經扮演了重要角色。

在神經心理學中，覺察指的是將基底核所調節的神經傳導物質重新調回大腦皮質，以進行更高層次的思考和決策。基底核是控制運動、情緒和學習的重要結構，與大腦皮質有緊密連結。當基底核的活動受到不良刺激或缺乏刺激時，可能會影響大腦的認知和情感功能，進而導致注意力不集中、情緒波動等問題。

基底核的自動化習慣反應是我們每天都會遇到的現象。以下的小故事可以讓你體驗基底核自動化習慣反應的現象。請在閱讀以下故事時留意你內心的想法。

「有一位父親和兒子一起外出旅遊，在途中遭遇車禍。父親當場身亡，兒子因傷重被人送往醫院。急診室的外科醫生看到這位病人的時候，情緒受到很大的影響並且表示自己無法為他進行手術，理由是『他是我的兒子』。」

閱讀完這個故事後，你是否有類似的想法浮現？當你腦海中出現「車禍當下，他的父親不是在車禍中去世了嗎？」這樣的念頭，這就代表你的基底核已經深深地烙印了性別刻板印象。這種印象可能是在學習的過程中無意識地形成的，將醫師和男性強烈聯繫在一起。

當助人工作者幫助個案看清問題發生時自己習慣性的反應時，個案可以意識到這些反應對結果產生的負面影響。這時，負責監控行為的前扣帶迴就會被激活，釋放出疼痛的訊息。當個案的大腦感受到疼痛的訊息時，為了減少不適，個案有機會調整自己對行為、情緒和想法的習慣反應，從而開啟改變的道路。

在我們日常生活中，面對各種情境時，我們需要注意三個重要的要素：我們的想法、習慣性行為以及情緒反應。只有當我們意識到這些要素的存在，我們才能有機會改變不良的習慣模式。當我們發現自己陷入負面、無效的習慣時，我們可以選擇立即停下來或轉移注意力，以避免持續採取這種模式。

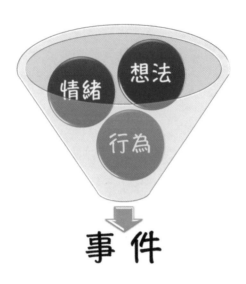

作爲一位助人工作者，如何有效地觀察自己在問題發生時與他人互動的模式是至關重要的。我們可以運用心理學的技巧來幫助我們在協助個案時更有效地應對。其中一些心理學技巧包括阿德勒個體心理學中提到的蘇格拉底式提問、薩提爾溝通姿態與家庭雕塑、柏恩人際溝通分析中談到的溝通形式，以及完形心理治療中的角色互換等。

阿德勒取向的助人工作者使用的探問方式與蘇格拉底的啟發式提問密切相關，這種提問方式被稱爲蘇格拉底式提問。簡單來說，助人工作者以尊重和好奇的態度進行提問，進一步詢問個案在問題背後的想法、情緒和行爲模式，透過詢問協助個案看到困擾問題背後與他人的互動方式、情緒反應以及自身想法的推論。

在臨床實務中，助人工作者可以在聆聽個案抱怨後，邀請個案回想一個最近讓他印象深刻的問題事件。接著，助人工作者使用以下問題引導個案思考：「在那個事件發生的當下，發生了什麼事情？」、「你當時對對方說了什麼（或做了什麼）？」、「對方聽到你這樣說（或這樣做），他做出了什麼樣的反應？」、「當你聽到（或看到）對方的反應時，你又對對方說了什麼（或做了什麼）？」、「是什麼原因讓你做出這樣的回應？」、「當下你腦中想到了什麼？」、「你有什麼感受？」透過這些不同的蘇格拉底式提問方式，助人工作者可以協助個案看到自己問題發生時，被基底核打包成自動化習慣的想法、情緒和行為反應是什麼。

我們的行為受到三股力量的塑造：「我要做……」、「我不要……」和「我想要……」。然而，僅從行為表現中我們無法深入理解其意義。要真正理解生命的意義，我們需要將個體行為放在人際互動的背景下來考量。透過親密關係、工作以及與朋友的互動，我們可以更好地了解自己想要什麼，進而反映出生命的意義。因此，個案在探索自己的思想、情緒和行為背後的原因時，需要將自己置身於整個人際脈絡中。

作為助人工作者，我們可以運用蘇格拉底式的提問方式，引導個案深入探索其內在世界。透過這種提問方式，我們可以幫助個案思考和理解自己的想法、感受和行為的根源。此外，借鑒家族治療師薩提爾提出的溝通姿態和人際溝通分析學者柏恩所描述的溝通形式，我們也可以幫助個案更清楚地意識到自

己與他人互動的方式。

　　溝通姿態是我們在人際交往中傳遞訊息時所展現的態度和反應方式。根據心理學家薩提爾的觀察，我們可以將人與人之間的溝通歸類為幾種不同的姿態：討好型、指責型、超理智型、打岔型和一致型。

溝通姿態
～薩提爾～

指責　　　　討好　　超理智　　　　打岔

　　討好型姿態的人過度關注當下的情境和他人的感受，卻常常忽略了自己的感受。他們常常自我貶低、過度讚同他人，不斷設法取悅別人。指責型姿態的人在回應情境時，只考慮自己的感受，忽略了他人的感受。這種互動方式常常伴隨著責怪、批評、攻擊和控制他人的行為。超理智型姿態的人通常只關注當下發生的情境，而忽略了自己和他人的感受。他們傾向於過

度客觀和解釋大道理，而缺乏對情感的關注。打岔型姿態的人在與他人互動時常常表現出難以集中注意力、無法專注的行為。他們不僅忽略了情境的重要性，也忽略了自己和他人的感受。

相較之下，一致型姿態的人能夠同時考慮到情境、自己和他人的感受，並做出適當的回應。他們具有平衡的觀點，能夠有效地與他人溝通和相處。然而，那些處於討好型、指責型、超理智型和打岔型的溝通姿態中的人，在生活中可能會遇到各種困擾，因為他們無法同時顧及情境、自己和他人的感受。

此外，針對家庭成員之間互動的評估，薩提爾還提出家庭雕塑（Sculpting）這個技巧。這種方法基於薩提爾對家庭系統的觀點，認為家庭成員之間的互動和關係彼此相互影響。透過家庭雕塑，治療師能夠幫助個案更清晰地認識與家庭成員間的角色、動態和情感連結，同時也能幫助他們意識到彼此之間的互動模式。

在進行家庭雕塑時，治療師通常會使用一些小型代表物（例如玩具或小人物）來代表家庭成員。治療師會要求個案根據他的感覺和直覺，將這些代表物放置在特定的位置上，以反映家庭成員之間的關係。這些位置可以代表力量、距離、親密度、支持等。同時，治療師也可以要求個案調整代表物的位置，以反映他期望的改變或更健康的互動方式。

除了薩提爾所提出的溝通姿態之外，溝通分析學派創始人柏恩談到了互補、交錯和曖昧三種溝通形式，這些形式也是助

人工作者在協助個案覺察與他人互動時的寶貴工具。它們建立在個體在與他人溝通時所展現的父母、成人和兒童三種內在自我狀態之上。

　　父母狀態指的是個體在思考時模仿早期生命經驗中的權威人物，並展現出關懷或控制的行為表現。這種狀態下，我們可能會扮演著保護者或教育者的角色，給予他人指導或關注。成人狀態則是將外界資訊轉化為可運用的知識，以客觀、事實導向的方式做出回應。當我們處於成人狀態時，我們更傾向於冷靜地分析情況，並以理智的方式處理與他人的互動。兒童狀態包括自由型和叛逆型。自由型兒童會表現出快樂情緒，讓周遭的人感到愉悅。在這種狀態下，我們可能表現出好奇、開放和天真的特質，像是一個充滿活力的孩子。然而，叛逆型兒童則無論對方說什麼，都表現出負面攻擊情緒。這可能源於我們對他人的不信任或內心的衝突。

　　在人際溝通中，互補溝通是一種常見的互動方式，以刺激和回應呈現平行的形式。它是一種正常的溝通模式，用於促進良好的人際互動。舉例來說，當一個人問另一個人：「你有看到我的包包嗎？」，對方回答說：「是的，我看到它在椅子上。」在這種情況下，雙方都表現出成人的姿態，建立了互補的溝通關係。

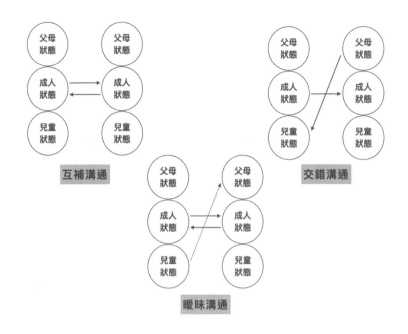

互補溝通

交錯溝通

曖昧溝通

　　然而，交錯溝通則是另一種常見的溝通方式，其中刺激和回應呈現交錯的形式。由於溝通交錯，可能導致人際關係中的困擾和痛苦。例如，當一個人說：「依照目前的狀況，這個問題還需要花一些時間才能處理得好。」對方回應說：「幹嘛沒事惹出一大堆問題來！」在這種情況下，自己展現出成人的姿態，而對方則表現出父母的姿態，形成了交錯的溝通關係。

　　另一種溝通模式是曖昧溝通，這種方式相對複雜，通常使用模稜兩可的語言回應。例如，當女方微笑地說：「明天就是結婚紀念日了。」男方回答說：「是啊，時間過得真是好快。」 在這種情況下，女方展現出兒童的姿態，而男方則呈現

出成人的姿態，形成了曖昧的溝通關係。

　　談到幫助個案認識他們的習慣性互動以及提供協助工具時，我們必須提及完形心理治療中的角色互換技巧。這項技巧在完形心理治療中非常實用，能夠協助個人從不同的角度觀察和理解自己的情感和經驗。

　　角色互換技巧在完形心理治療中的應用有助於增強顧頂交界區的腦肌力。當顧頂交界區的大腦區域被激活時，個案能夠從不同的角度來觀察與他人的互動。在實際的治療過程中，治療師會邀請個案扮演其他人的角色（而不僅僅是自己的其他部分），並考慮這些人的立場和觀點。在適當的時機，透過角色互換，個案可以從他人的角度來審視彼此之間的衝突和問題。通過仔細觀察彼此的互動方式、感受和想法，個案能夠更清楚地理解自己更深層、真實的期望和渴望。

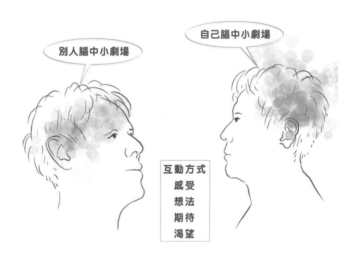

以下是詳細的解釋和運用完形治療中角色互換技巧的步驟：

1. 確定目標：在使用角色互換技巧之前，治療師和個案需要確定治療的具體目標。這可能涉及到個案想要解決的問題或達到的目標。

2. 識別角色：根據目標，個案需要識別和選擇不同的角色來觀察問題。這些角色可以是現實中的其他人，也可以是想像中的人物，例如一位親友、一位專家、一位優秀的模範等等。

3. 角色切換：個案需要想像自己是所選擇的角色，並從該角色的角度觀察和分析問題。這意味著個案要換位思考，將自己置身於所選角色的位置上，體驗該角色的感受和想法。

4. 觀察和反思：個案在所選角色的角度上觀察問題，並評估自己的情感、思維和行為。個案可以問自己：「如果我是這個角色，我會如何看待這個問題？我會有什麼不同的反應和觀點？」

5. 新的洞察和解決方案：透過角色互換，個案可以獲得新的洞察和解決方案。這種技巧可以幫助個案超越固有的觀點和限制，從其他人的角度看待問題，並尋找新的方法處理困難和挑戰。

透過這種技巧，個案能夠超越自身固有的觀點，從其他人的角度來看待問題，並從中獲得對自己習慣性互動的新洞察。

・探究內心的渴望

　　有些個案無法實現改變，是因為他們無法清楚看到問題發生時，自己習慣性的反應在其中扮演的角色。他們常常將問題歸咎於外在環境。只有當我們意識到問題源於自己習慣性的反應後，我們的行為才能產生改變。然而，即使一些個案已經意識到自己的習慣性反應和問題之間的關聯，他們仍然無法踏上改變之路。這是因為他們對於習慣性反應的理解還不夠深入，他們尚未真正看到自己生命中真正期待和渴望的含義。這種對習慣性反應理解較表面的推論，很大程度上是由於我們對事情進行合理化的傾向所致。

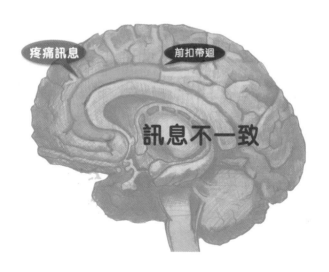

爲什麼人們經常對外在事件進行合理化的內在語言呢？這是因爲大腦在處理信息時不太能接受不合理的訊息。不合理意味著我們原有的內在處理方式與所面臨的情況相衝突。當外在事件與我們原有的處理模式發生衝突時，我們的控制疼痛的前扣帶迴就會釋放出疼痛的信號。爲了避免疼痛感，大腦就會開始合理化外在事件的發生。

　　舉個例子，當我們面對一個令人垂涎欲滴的甜點，內心渴望享受美食的時候，如果我們內在沒有出現「胖胖也很可愛」或「吃甜點會帶來幸福感」等合理化的內在語言，而是出現「肥胖是百病之源」等不一致的內在語言，我們內心將感受到矛盾和痛苦。

家暴和性侵受害者又是另外一個例子。有些受害者在經歷了重大創傷後，即使他們並沒有錯，錯誤在於加害者，但他們的大腦卻會產生一種自我合理化的內部對話，試圖解釋外在事件。例如，他們可能會認為「一定是因為自己穿得太暴露」、「一定是因為自己做得不好」等等。

　　讓我們以前幾年發生的藝人王力宏和妻子李靚蕾的婚變事件作為例子。李靚蕾曾經提到「我才是那個長期受到精神虐待、羞辱和情感操控的人。」所謂情感操控（gaslight）一詞的字面意思是「煤氣燈效應」，形容加害者（個人或團體）祕密地使受害者在毫無察覺的情況下，逐漸懷疑自己的記憶、感知和判斷能力，最終導致受害者出現所謂的認知失調。為了避免陷入認知失調所帶來的痛苦，受害者會在無意識的情況下使用心理學中所謂的合理化防衛機制。

　　合理化是為了使我們內在的處理方式與外界的事情保持一致。即使合理化的內容與事實不符，但為了逃避痛苦，大腦還是傾向於做出這種不合理的判斷。久而久之，原本只是為了暫時逃避痛苦而產生的合理化理由，逐漸取代了原有的內在處理方式，成為了行為的習慣。如果我們有機會細細觀察日常的人際互動，就會發現許多使用合理化的痕跡。

　　從神經心理學的角度來看，人類的大腦是一個高度複雜且分工明確的器官，負責調節和控制人的行為、情感和認知能力。情感和動機是影響大腦功能的重要因素之一。每個人都期望被愛和愛他人，活得有意義和有價值。一旦我們找到內心真

正的期待和渴望，大腦中的神經細胞功能將變得更加活躍。這將激發強大的動機和勇氣，使我們能夠克服生活中的困難。如果個案有機會看到自己表面上的合理化推論和更深層的期待和渴望之間的不一致，控制行為的前扣帶迴將被激活，釋放疼痛的訊號。這些不適感也會激發個案產生改變的動機。

在實際工作中，助人工作者如何促使個案意識到自己表面上的合理化推論與深層期待和渴望之間的不一致呢？可以嘗試運用心理學的技巧，例如動機式晤談中回顧過去、想像未來和探索價值的技巧，探討現實治療的五大需求，應用薩提爾的冰山理論和家庭雕塑，以及阿德勒個體心理學提到的行為目的論和五大生命任務的分析等。透過這些工具，助人工作者有機會幫助個案看清自己內在的前額葉皮質運作，包括行為結果的判斷、預測結果的判斷，更重要的是反思自己的想法，也就是所謂的後設認知。

首先，讓我們談談動機式晤談，這是我在神經心理學領域經常運用的技巧之一。在某些情況下，合理化可以暫時幫助我們逃避痛苦，但更多時候，合理化對我們的身心健康造成負面影響。要改變一個人的合理化思維，動機式晤談是一種常用的臨床方法，用於處理對改變習慣抗拒的情況。動機式晤談的核心概念是，在會談過程中引導個案看到自己的矛盾之處。一旦個案面對自己的不一致，就會產生內心的不適感。為了減輕這種不舒服的感覺，個案不得不改變自己的想法或行為。如果個案選擇後者，改變就會自然而然地發生。

在動機式晤談中，回顧過去是一個常用的技巧。助人工作者會邀請個案回憶在問題出現之前，生活中的美好時光是什麼樣子，並具體描述這些情景。助人工作者可以這樣問個案：「你還記得那段美好的時光嗎？那時你的生活是怎麼樣的？」如果個案在目前的人際互動中沒有過美好的經驗，助人工作者可以使用未來想像的技巧，邀請個案想像在美好未來時，他們的人際互動將變得如何。

　　當人長時間處於負面壓力下時，大腦會逐漸形成一些負面、消極的生活信念和規則。這樣的想法會增加大腦中負面情緒的發射，加劇焦慮感。相反，積極地設想自己所期待的結果並詳細描述，有助於促進個案朝著目標前進。因為這種想像會激發大腦中的α腦波和令人快樂的多巴胺，使大腦擺脫負面情緒的束縛。通過具體描述美好時光的經驗，助人工作者有助於個案看到自己的期望和渴望。

　　此外，我們還可以應用探索價值的技巧來瞭解他人生中最重要的事情和他們的價值觀。在實際工作中，助人工作者可以這樣問個案：「對你來說，最重要的是什麼？」然後通過進一步的「為什麼？」提問，深入探索個案的價值觀。最好連續問3到5次，這樣可以讓個案觸及到自己更深層的核心價值觀。（更多詳細介紹和說明，可參考《強化動機承諾改變：動機式晤談實務工作手冊》）

　　關於探索價值的主題，我們可以運用一個簡單而有效的工具，稱為「101010決策工具」。這個工具能夠幫助我們在做

出決定之前，更清楚地想像短期、中期和長期的影響，並將這些影響與我們的長期目標對齊，進而做出明智的決策。人的大腦天生會在做決策時考慮短期、中期和長期的結果，並引導我們做出選擇。然而，如果我們能夠以更有系統的方式來解釋決策，而不僅僅依賴情緒反應，那麼我們通常能夠取得更好的結果。

「101010決策工具」中的「101010」代表短期、中期和長期。透過使用這個工具，我們可以幫助個案思考以下問題：「我做這個決定，10天後我會感到後悔嗎？」「10個月後，我會對這個決定感到滿意嗎？」「10年後，我仍然會喜歡我當初做的這個決定嗎？」這些問題有助於個案澄清思緒，重新檢視自己的價值觀，並做出符合自己長遠利益的選擇。

當我們協助個案探索大腦的前額葉皮質如何與生命意義相關的神經迴路時，我們也可以選擇現實治療作為一種有效的方法。威廉・葛拉瑟（William Glasser）是現實治療的創始人，他認為人類的所有行為都是為了滿足五個基本需求：生存、歸屬、權力、自由和快樂。這五個需求各自都具有重要性，有時它們會獨立發展，有時又會相互牽扯、產生衝突。

作為助人工作者，我們可以先簡單介紹這五個需求的意義，然後探索哪些需求已經得到滿足，哪些需求尚未得到滿足。這有助於幫助個案意識到自己與他人互動方式背後的內在驅力是什麼。

現實治療

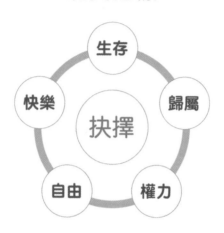

　　薩提爾曾用冰山來比喻一個人的外在行為和內在經驗。冰山的水面上呈現給我們的是外在行為，而水面下的冰山則隱藏了更深層的應對方式、情緒、觀點、期待、渴望和自我。這些內在經驗往往被我們忽略，就像水下的冰山無法直接被我們看見。

　　作為助人工作者，我們可以運用冰山理論的框架，通過對話和核對的方式，幫助個案意識到自己內心深處更真實的期待和渴望。這樣一來，我們能夠更清楚地了解個案內側前額葉皮質中那個說著「我想要……」的聲音，從而為創造改變的機會打下基礎。

行為

應對方式
情緒
觀點
期待
渴望
自我

　　阿德勒心理學的行為目的論能夠幫助我們探索人們的期望和渴望，並在此基礎上提供協助。行為目的論的核心理念是，人們的行為習慣主要是為了達成某種目的，而這些目的是他們自己設定的，而非過去經歷賦予的意義。阿德勒曾經說過：「最重要的問題不是從何處而來？而是要往何處去？」這正是行為目的論的核心概念：人們的行為是為了實現特定目的而表現出來的手段。這些目的本質上是虛構的概念，並非客觀存在的事實。換句話說，人類行為的驅動力在於追求自己所設定的目標，而不是受過去經驗或現實環境的限制。

　　舉個例子來說，假設有個人喜歡另一個人，想要告白，但最終卻沒有行動。他向諮商師表示，自己因為結巴而無法向對方表達。利用阿德勒的行為目的論分析這個問題，可以發現他

不去告白的原因實際上是因爲他並沒有眞正想要告白，而不是因爲結巴。這是因爲不告白相對較安全，符合他的心理需求。另一個例子是，如果一個人因爲遭遇暴力事件而害怕出門，每天都待在家裡。利用阿德勒的行爲目的論分析這個問題，可以發現他不出門的原因實際上是因爲他並不眞正想要出門，而不是過去的暴力事件對他的影響非常大。他找到了一個過去遭遇暴力事件的理由，以此來實現他不出門的目的，這只是藉口而已。對他來說，不出門更舒適，他只是爲了達到更舒適的狀態而故意找個藉口。

從神經科學的角度來看，我們可以觀察到個體在追求目標時產生相應的行爲反應，這其實與伏隔核中多巴胺的水平增加有關。多巴胺系統在神經傳遞中扮演著關鍵的角色，涉及到獎勵、學習、動機、記憶和情感等方面。當多巴胺進入大腦的相應區域時，它會讓我們更容易習慣這種行爲反應。

與佛洛伊德的精神分析相比，阿德勒的個體心理學有著截然不同的取向，它更注重以目標爲導向的心理學觀點。當我們朝著目標邁進時，大腦會釋放多巴胺。換句話說，當我們爲了某個目的而付出努力時，大腦會釋放多巴胺來增強我們的行動。值得一提的是，在臨床實踐中，我們有時會發現個案很難意識到自己問題行爲的目的，這是因爲問題行爲已經成爲習慣，並且在基底核中建立了神經迴路，使個案無法立即察覺這種行爲背後的目的。然而，這並不意味著行爲沒有目的，只是個案需要一些時間才能意識到問題背後的行爲目的。

因此，阿德勒強調解決當前問題，而不是追溯過去的經歷。阿德勒的治療方法旨在幫助個案建立改變現狀的勇氣，讓他們瞭解當前目標是什麼，並通過改變思考和行爲來實現這些目標，從而解決當前的問題。

　　此外，助人工作者還可以探討阿德勒個體心理學五大生命任務（愛、朋友、工作、自己、靈性）來理解內側前額葉的運作。阿德勒認爲，人類一生中需要成功地完成三個普遍的生命任務，這些生命任務分別是愛情、工作和友誼。後來，莫薩克與魯道夫・德瑞克斯等阿德勒學派的知名學者還增加了其他兩項生命任務（靈性和與自己相處的能力），從而形成了五大生命任務。

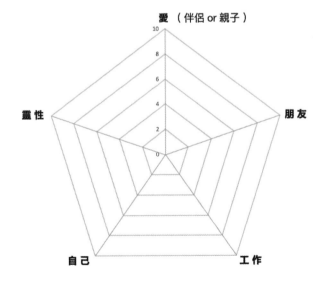

在實踐中，我會使用五大生命任務雷達圖來協助個案更深入地了解這些生命任務。在評估愛情時，我會將其分為伴侶關係和親子關係兩個不同的領域來探索。在探索過程中，我會幫助個案思考他們目前生活中花費在五大生命任務上的時間，進一步來幫助人們理解他們內心的期望和渴望。

· 強化承諾

現在，我們知道了當訊息不一致時，前扣帶迴會引起疼痛感。這種本能反應驅使我們追求訊息的一致性，以避免疼痛的產生。每當我們做出決定或選擇立場時，我們經常會感到對自己的承諾認同。這種承諾影響了我們的思考，並促使我們努力保持一致性，即使在面臨個人或外部壓力時也不例外。因此，在個案改變的過程中，加強個案對改變的承諾是不可忽視的重要因素。

在諮商過程中，敘事治療中的一個關鍵概念是「見證（witnessing）」。見證指的是個案分享自己的故事或經驗，並獲得治療師或其他人的接納、認同、理解和尊重。透過見證，個案能夠感受到自己的故事受到重視，重新建立對自我的認同和價值感。見證對於增強承諾具有以下幫助：

1. 提供反思的空間：見證能夠協助個案反思自己的經驗和感受，從中找出自己的價值和意義，進而提高承諾的意願和動力。

2. 確認承諾的目標：治療師可以透過見證引導個案思考自己想要達成的目標和承諾的內容，讓個案更加明確地了

解自己想要達成的目標。

3. 提供支持和鼓勵：治療師可以透過見證表達對個案的支持和鼓勵，讓個案感受到自己並不孤單，進一步增強個案達成承諾的自信和動力。

在實際的臨床實踐中，諮商師可以運用見證這個技巧來協助個案在自我照顧和心理治療的過程中加強承諾。舉個例子來說，當個案提到因害怕失敗而錯失了一個機會時，諮商師可以透過提問引導個案分享類似的過去經驗，讓個案的聲音得到重視和認同，同時幫助個案建構一個全新的生命故事。接著，諮商師可以詢問個案對未來的期望和承諾。透過這樣的方法，個案能夠進一步建立對未來的期望和承諾，並在諮商過程中獲得支持和鼓勵。

總而言之，見證是敘事治療中極為重要的概念。透過見證的過程，個案能夠反思自己的經驗和感受，提高承諾的意願和動力，從而強化他們實際行動的承諾。這項技巧不僅能幫助個案更好地闡釋自己的故事，也能激勵他們在改變和成長的旅程中持續前進。

除了見證，艾瑞克森的「是的套組（Yes Set）」是另一個強化承諾的技巧。這種技巧旨在建立同意和信任，通過連續提問一些容易回答「是的」的問題，使個案逐漸放下戒心並與諮商師建立關係，從而更容易接受諮商師的建議和引導。

臨床實務工作上，諮商師可以怎樣運用「是的套組」來協

助個案強化承諾呢？假設一位個案前來諮詢，她希望改善自己的社交焦慮問題。下面是一段諮商師與個案的對話：

諮商師：你是否想擺脫社交焦慮的困擾？
個案：是的，我希望擺脫它。
諮商師：你是否同意社交焦慮可能阻礙你享受社交互動以及建立深入的人際關係？
個案：是的，我同意。
諮商師：那麼你是否準備採取一些改變，以克服這種焦慮並在社交場合更自在？
個案：是的，我準備好了。

在這個例子中，諮商師透過運用「是的套組」技巧，引導個案自我承諾並確立改變的方向，達到了既不強制也不要求接受建議，卻能讓個案更容易接受並實際採取行動的效果。

從腦科學的角度來看，當一個人反覆對自己的大腦說「yes」時，大腦前扣帶迴會逐漸失去對當下思考行為的監控能力。因此，這個技巧能夠提高個案在未來的回答中說「yes」的機會，進而達成更好的結果。

增強因應能力

提升自我照顧能力、改變困境的關鍵在於增強我們大腦中背外側前額葉皮質的功能。這個區域在大腦中負責處理工作記憶和計畫等執行功能，因此，提升這個區域的腦肌力是增強我

們解決問題能力的關鍵所在。

作為輔導和治療工作者，我們可以運用心理學的技巧來幫助個案鍛鍊背外側前額葉皮質的腦肌力。可以嘗試的技巧包括有：現實治療的良好目標設定、焦點解決短期諮商所提到量尺問句與例外問句、認知行為的心像練習、阿德勒個體心理學中的英雄／偶像問句，以及動機式晤談的提供訊息三步驟等。

首先，先和大家介紹現實治療的良好目標設定。在現實治療中，良好的目標設定是一個重要的技術，它有助於確定治療的方向，提供明確的指引，並增加治療的效果。SAMIC$_3$是一個常用的目標設定技術，以下將對其原理和方法進行具體說明和解釋：

1. 簡單（Simple）：目標設定應該保持簡單明瞭。目標的表達應該清晰，能夠容易理解和記憶，避免過於複雜或模糊的描述。例如，將目標設定為「每週運動三次」而不是「增加身體健康狀態」。

2. 可獲得的（Attainable）：目標應該是可實現的和可獲得的。目標設定時需要考慮個案的能力和資源，確保目標在個案的現實條件下可行。例如，如果個案從未接觸過瑜伽，將目標設定為「每天練習一小時的瑜伽」可能不太現實，可以先設定為「每週參加一堂瑜伽課程」。

3. 可測量的（Measurable）：目標應該是可量化的，能夠衡量進展和達成程度。這樣可以提供客觀的標準，讓個案和治療師能夠評估治療的效果。例如，將目標設定

爲「每天寫日記十分鐘」，可以輕鬆地記錄和追蹤個案每天是否達到這個目標。

4. 立即的（Immediate）：目標設定應該具有即時性，有助於個案產生行動和積極參與。將目標與現在的行爲和動作聯繫起來，使個案能夠立即開始行動。例如，將目標設定爲「在每餐前喝一杯水」，這樣個案可以立即開始執行，而不需要等待特定的時機。

5. 可由計畫者控制（Controllable by the Planner）：目標應該是個案可以控制的，而不是依賴於外在因素或他人的行爲。這樣可以提高個案的主動性和責任感。例如，將目標設定爲「每天花15分鐘閱讀」，個案可以自己掌握時間和節奏，不受他人的干擾。

6. 承諾（Commitment）：目標設定需要個案的承諾和自我動機。個案應該對目標設定表示承諾，並意識到達成目標所需的努力和責任。這樣可以增加個案的投入和堅持力。例如，個案可以在目標設定過程中明確表達自己的承諾和意願。

7. 持續去做（Consistency）：目標設定不僅需要承諾，還需要持續的努力和執行。個案需要在日常生活中保持對目標的關注和執行，並持續改進和調整。例如，個案可以定期回顧和評估目標的達成情況，並根據需要進行調整和修正。

從神經心理學的角度來描述現實治療中的良好目標設定，可以從以下幾個方面進行解釋：

1. 認知與神經可塑性：神經心理學研究了大腦如何處理資訊、記憶、學習和行為的相關機制。在目標設定過程中，治療師可以利用神經可塑性的原則，幫助個案重新調整和改變神經網絡的結構和功能。良好的目標設定可以啟動大腦中相應的神經迴路，促使神經元之間的連接和通訊進行調整，從而影響個案的認知和行為模式。

2. 行動與獎勵系統：大腦的獎勵系統對於行動和學習起著重要作用。當個案設定一個具體、可測量的目標並進行相應的行動時，獎勵系統會釋放多巴胺等神經傳遞物質，使個案感到愉悅和滿足，進一步強化他們的行為。良好的目標設定可以引發獎勵系統的激活，增強個案的動機和執行力，促使他們持續參與治療過程。

3. 自我效能與動機：自我效能感指個體對於自己完成特定任務或達到目標的信心和信念。良好的目標設定可以幫助個案建立自我效能感，使他們相信自己能夠完成目標。自我效能感的提高會增加個案的動機和自覺能力，使他們更有信心面對困難和挑戰。

4. 積極反饋和認知重組：神經心理學研究了學習和記憶的相關機制，其中積極反饋和認知重組是重要的元素。良好的目標設定需要提供個案積極的反饋，讓他們能夠感受到自己的進展和成就，並調整自己的認知結構。透過

積極的反饋和認知重組，個案可以改變對自己和治療的看法，提升治療的效果和成效。

綜上所述，良好目標設定在神經心理學的角度下，可以通過調整神經網絡、激活獎勵系統、增強自我效能感和提供積極反饋等方式，促進個案的學習、改變和治療效果。這些神經心理學的原則和機制為治療師提供了科學依據和方法，以更有效地設定和達成治療目標。

再來，和大家談談如何運用焦點解決短期諮商來協助個案鍛鍊被外側前額葉皮質的腦肌力。焦點解決短期諮商是由史提夫・狄世沙（Steve de Shazer）和燕素・金柏（Insoo Kim Berg）所發展的一種方法，強調不要過度關注問題發生的原因，而是著重於如何解決問題以避免其再次出現。當一個人受困於問題之中時，無論是他人還是自己問起「為什麼會……」，都容易激活與情緒相關的邊緣系統。

邊緣系統是大腦負責情緒的主要區域，一旦被激活，特別是當一個人面臨問題時，情緒往往會迅速湧現。例如，當你做錯事情（或未達目標）時，當他人問你「為什麼你又遇到這個問題？」或「為什麼你不能做好事情？」時，你可能會回答「每次都是這樣……」、「我真笨……」或「要不是〇〇〇的錯，我就不會……」。這樣的回應往往導致負面無效的溝通。因此，焦點解決短期諮商不著重於「問題原因」的探討，而是聚焦於「如何解決」的描述。當個案專注於問題解決時，將激

活大腦的背外側前額葉皮質。

　　焦點解決短期諮商中有幾個很好的問句，可以幫助個案鍛鍊背外側前額葉皮質的腦肌力，例如量尺問句和例外問句。量尺問句有助於將複雜的問題具體化，將個案的問題簡化爲單一的問題。首先，助人工作者可以問個案：「如果這裡有一把量尺，最左邊的1分代表最糟糕的情況，最右邊的10分代表最好的情況，你目前的困境是幾分？」然後詢問個案，有哪些小步驟可以幫助他們向下一個數字邁進。

　　過於複雜的計劃往往容易失敗，腦科學研究指出，越是精密和複雜的系統，就越容易因爲一點意外而崩潰。相反地，從最簡單的系統開始，逐步積累並進行優化和改進，最終實現最初的藍圖。雖然這可能需要更長的時間，也可能會走彎路，但這樣的系統更加穩定。因此，在處理個案的問題時，助人工作

者可以協助他們朝著目標前進，不要設定過於複雜的計劃，而是從一些簡單且可行的動作開始。

此外，焦點解決短期諮商認為問題不會永遠存在，透過例外問句可以幫助個案找到解決方案。在實際工作中，助人工作者可以問個案關於他們以前成功經驗的問題，或者在受到問題影響較少的時候，他們是如何做到的？

無論是量尺問句還是例外問句，助人工作者通過提問幫助個案思考「如何解決」的策略，從而激活背外側前額葉皮質。通過使用量尺問句和例外問句等問題技巧，助人工作者能夠幫助個案將問題具體化並找到解決方案。同時，助人工作者鼓勵個案以簡單可行的方式向目標前進，並通過重建神經網絡來培養新的知識和技能。這種基於神經心理學的方法不僅有助於提升個案的自我照顧和心理輔導能力，也促進了有效的溝通和互動。

關於背外側前額葉皮質腦肌力的鍛鍊，也可以運用認知行為治療中的心象練習來幫助個案增強他們的應對能力。根據神經心理學的研究，心象練習不僅能夠提升身體表現，還能夠模擬實際經驗的效果。舉例來說，有一項研究中，一組受試者每天進行兩小時的心象練習，想像自己彈奏鋼琴，儘管他們之前從未碰過鋼琴。令人驚訝的是，研究人員在實驗結束後發現，這組受試者的大腦變化幾乎和實際彈奏鋼琴的另一組受試者相同。

在認知行為治療中，我們可以利用心象練習幫助個案想

像、練習和強化他們在現實生活中想要培養的技能、行爲或思考方式。這種技巧能夠幫助個案進行反思、練習和改變他們的想法和行爲，以更好地應對各種問題。

舉例來說，在處理社交焦慮症時，我們可以使用心象練習來幫助患者練習社交技巧並增強自信心。通過心象練習，患者可以想像自己在社交場合中表現自信和輕鬆，並逐漸培養這種思維和行爲模式。這樣的訓練有助於患者克服社交焦慮，並提高他們應對社交場合的能力。

在阿德勒個體心理學中，有一個被稱爲「彷彿技巧」的方法，它與心象練習有類似的效果。在臨床實踐中，助人工作者可以運用英雄偶像問句的技巧，探索個案在面對困難時，他們心中的英雄偶像是如何克服困難的。接著，可以邀請個案在日常生活中扮演他們心目中的英雄偶像角色。這種角色扮演的做法可以啟動他們大腦中的鏡像神經細胞，使得他們的腦神經迴路與他們所崇拜的英雄偶像非常相似。這樣一來，個案在面對問題時就會有更多的機會解決它們。（如果想深入瞭解這個方法，可以參考我的另一本著作《阿德勒勇氣寶典：自助與助人手冊》）

這種方法的理論基礎源於神經科學中的鏡像神經元系統，該系統負責模仿和模擬他人的動作、意圖和情感。當個案扮演他們崇拜的英雄偶像時，這些鏡像神經細胞就會被激活，將個案的腦神經活動與他們所崇拜的人緊密連結在一起。這種連結有助於個案培養更積極、自信和有效的解決問題方式。

當個案面臨挑戰時，這種角色扮演可以提供幾種好處。首先，個案可以尋找他們崇拜的英雄偶像在相似情況下所採取的策略和行為模式，並將其應用到自己的情境中。其次，這種扮演可以幫助個案建立一種與英雄偶像相似的身分，進而激發他們的自信心和動力。最後，這種角色扮演也可以增強個案的情感聯繫，讓他們更深入地體驗和理解他們崇拜的人所面臨的情感挑戰。

當個案在面對困境時，若無法找到適當的解決策略，助人工作者可以考慮運用動機式晤談提供訊息三步驟作為另一種工具。儘管助人工作者有時比個案更有經驗，但直接指導個案可能會引起抵觸情緒。因此，動機式晤談提供訊息三步驟的方法可以同時尊重個案的自主性，並填補個案對改變策略的不足之處。在實際工作中，助人工作者可以按照以下三個步驟提供個案所需的訊息：

第一步，尋求個案的同意。在提供訊息之前，與個案進行溝通，確保他們同意接收你所提供的幫助。這樣可以建立起合作關係，並增加個案對於改變的開放度。

第二步，提供多個選擇。給予個案多個選項，通常是3到5個不同的選擇，讓他們可以從中選擇最適合自己的方案。這樣做的好處是，個案能夠參與到解決問題的過程中，增加主動性和自信心。

最後一步，詢問個案對於各個選項的理由和看法。透過詢問個案為何選擇某個選項，或者為何不選擇其他選項，可以

幫助個案思考並表達他們的意見。這有助於個案更好地理解自己的需求和偏好，同時也讓助人工作者更深入地了解個案的想法，以便提供更有針對性的幫助。

如果你想進一步瞭解這種方法，可以參考我的另一本著作《強化動機承諾改變：動機式晤談實務工作手冊》。該書提供了更詳盡的解釋和實踐指南，有助於你在日常生活的自我照顧、諮商輔導和心理治療中運用神經心理學的知識和技巧。

· 調整自我認知

有時候，我們陷入問題泥淖的原因是因為我們過度關注那些無法改變但卻困擾自己的事物。現實生活中有許多無法改變的現實，例如先天因素、膚色、罹患疾病或遭遇意外等。面對這些無法改變的現實，我們需要勇氣去接受它們。

不同於負責思考改變策略的背外側前額葉皮質，負責接受不可改變事物的腦區位於內側前額葉皮質，主要處理個人經驗相關的訊息。後扣帶迴與內側前額葉皮質有聯繫，它會讓我們的大腦不斷重播過去的畫面。通過適當的自我認知調整，我們可以改變內側前額葉皮質的神經迴路，進而修正與自己有關的主觀情緒表達。作為諮商師，我們該如何有效地協助個案培養內側前額葉皮質的腦肌力呢？其中一個方法是運用心理學技巧，例如認知行為治療的重新框架。

重新框架的前提是，困擾個案的問題不是由事件本身引起，而是取決於個案對事情的看法。舉個例子，當你開車上班

時，遇到一個無理的人狂按喇叭超車，你可能感到不舒服，甚至可能感到緊張，有衝動想停下來和對方理論。然而，如果你能改變思維方式，例如想像那輛超車的人可能正急著趕到醫院，因為他的孩子需要緊急救治，這樣的想法能迅速改變你的情緒。

在實務工作中，當我們運用重新框架的方法時，助人工作者首先需要以客觀且無偏見的態度聆聽個案的問題。在充分了解且不帶成見地理解個案如何看待問題後，助人工作者可以從新的觀點來看待問題，賦予問題正向的意義，並將其與更大的目標相關聯。舉例來說，我們可以把困難視為必定有後福，或者解釋為身體正在為應對考試而預備能量，從而減輕因事件引起的情緒反應。儘管問題本身並未改變，透過重新詮釋事件，我們可以降低情緒反應的影響。

當我們陷入問題的泥淖時，除了可能過度關注那些無法改變的事情外，還有另一個常見原因，那就是我們容易受到負面自動思考的影響。簡單來說，就是我們想太多了。

實際上，我們的不幸通常是我們自己允許的，我們同意讓別人傷害自己。舉例來說，當我們的伴侶或朋友的行為不符合我們的期望時，我們可能會感到受傷，並開始假設他們應該知道我們想要什麼。事實上，我們經常對別人的行為或言論做出假設。這是因為大腦的內側前額葉皮質傾向於做出假設，試圖理解他人的想法或行為。然而，我們經常固執於這些假設，並形成了「可憐的我和可惡的他」的信念。

爲什麼我們容易陷入負面自動思考呢？這與內側前額葉皮質的神經迴路有關。從我們很小的時候開始，我們將父母或身邊其他人的教導內化到大腦中。右側前額葉皮質形成了「我不要」的迴路，而左側前額葉皮質則形成了「我要做」的迴路。這些迴路會隨著我們不斷的自我對話而加深，進一步影響掌管「我想要」的內側前額葉皮質區域，從而塑造了我們的生活風格，包括對自己、他人和世界的看法。不同的生活風格會引發不同的應對思考方式。這種自動化的思考模式可能會在日常生活中造成困擾，尤其是在面對壓力和挑戰時。

　　舉個例子來說，大家都耳熟能詳的青年十二守則中的「忠勇爲愛國之本」和「孝順爲齊家之本」，或是道路交通的「紅燈停」、「綠燈行」等，這些觀念早已深植在我們的大腦中。這些觀念在我們的前額葉皮質中形成了神經刻痕，有些神經刻痕有助於我們更容易地順應社會規範，但有些則可能導致負面的自動化思考。過度自動化的負面思考會激發情緒腦的活性，進而引發焦慮、憂鬱等情緒問題。

　　要擺脫這些負面情緒的困擾，我們需要調整自動化的負面思考。因爲自動化負面思考的出現，源自於內側前額葉皮質的神經刻痕，這些神經刻痕與我們從小被教導並印記在背外側前額葉神經刻痕有關。因此，要調整內側前額葉皮質的刻痕，我們可以運用認知治療學派中的蘇格拉底式對話，培養背外側前額葉皮質和海馬迴的情境分析能力，以進一步修改自動化負面思考的神經迴路。

喜歡認知治療的助人工作者，專注於神經心理學領域中的前額葉皮質和杏仁核等腦區的神經科學知識，以幫助個案調整負面自動思考。認知治療透過有意識地調節思想，啟動大腦前額葉皮質和海馬迴的功能，以抑制杏仁核的活動。透過由上而下的調控，我們可以幫助個案增加安全感，培養積極應對問題的態度，同時減弱來自情緒中樞的負面情緒。在臨床實務中，當個案的杏仁核被激活並引發焦慮不安時，我們可以協助個案學會以下方法：

1. 訓練眶前額葉皮質發出抑制訊號，降低杏仁核的活性。例如，在面臨危機時，簡單地重複告訴自己「不要害怕」、「不要擔心」的自我對話。這樣的方式有時會產生出乎意料的效果。

2. 訓練海馬迴皮質更具功能性，回想起之前沒有出現任何不良情況的相關證據。

3. 訓練背外側前額葉皮質更有彈性地分析問題的現狀，找出其他可能的解釋，讓自己了解所有過度思考都是由於杏仁核的影響而產生的無謂和耗神的擔憂。

　　「命由己造，相由心生，境隨心轉，有容乃大。」這句佛教偈語蘊含深奧的道理。世界本身並沒有固定的形象和概念，而是透過我們內心的變化而產生對善惡等觀念的認知。換句話說，我們所感受到的現實並不一定代表真相和本質。從神經心理學的角度來看，人類的思想、情感和行為受到大腦中神經細胞活動的控制。因此，我們可以透過調整大腦神經細胞的活動

來改變內在世界。

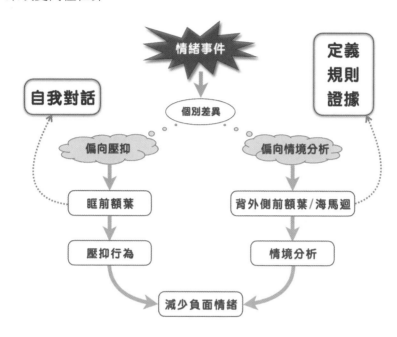

（二）情緒腦的問題

當問題源自於情緒腦時，個案常無法在意識層面察覺問題的存在。即使有時他們能感受到行為、情緒或想法的變化，也難以理解其背後的原因。特別是當問題來自於杏仁核時，問題通常會突然而快速地出現，缺乏明確的因果關聯。此時，個案往往難以清晰思考，容易引起周遭人的威脅感，並伴隨著強烈的生理反應，如嘔吐、呼吸困難、四肢顫抖等。

這時，如果助人工作者想要透過加強理智腦的功能，從上到下協助個案解決問題，治療效果可能會打折扣，因為理智腦

早已被情緒腦所控制，無法發揮良好的功能。在這種情況下，助人工作者可以轉而選擇由下往上的方法，首先協助個案冷靜下來，降低大腦中杏仁核的活動。在此階段，助人工作者可以運用一些心理學方法，例如個人中心療法、焦點解決療法、認知行為治療和正念等。

接著，由於情緒腦問題的發生往往無法用言語推理來解釋，常常是基於個案處於相似情境時被觸發出來的，所以助人工作者可以運用一些心理學方法，專注於過去的探索，例如精神分析、完形心理學和阿德勒個體心理學等。

此外，一旦情緒腦內的隱藏記憶在神經上形成痕跡並固定為長期記憶，要刪除這些困擾的記憶相當困難。唯一能做的是淡化或改寫這些困擾的記憶痕跡。助人工作者可以運用行為治療等方法，幫助個案減少困擾記憶的出現頻率，從而減弱原本與困擾記憶相關聯的神經突觸連結。另外，也可以運用完形心理、心理劇學、人際歷程心理治療，以及眼動減敏與歷程更新等方法，將原本令人煩惱的記憶改寫成可被接納的記憶。

接下來將進一步說明與介紹上述所提到的心理學相關技巧在臨床實務中的運用。這些方法和技巧可以幫助助人工作者更好地應對個案的情緒腦問題，促進自我照顧、諮商輔導和心理治療的實踐。

‧緩和邊緣系統

在開始處理記憶刻痕之前，我們首先需要緩和邊緣系統的活動。在這個階段，助人工作者可以運用一些心理學方法，例

如個人中心療法、焦點解決療法、認知行為治療和正念等，以幫助個人進行自我照顧和諮商輔導。

個人中心療法是一種人本主義心理治療方法，由羅吉斯（Carl R. Rogers）提出。該方法強調治療師與個案之間的關係以及個案的自我探索。其中，「同理心」是個人中心療法中的一項重要技巧，能夠有效幫助個案感受到被理解和接納。透過運用同理心，我們能有效地緩和邊緣系統，特別是冷卻杏仁核這一部分。

情緒是人類最基本的感知之一，然而情緒往往難以用語言完全表達，有時甚至超越語言的能力。如果能夠清楚地辨認和定位情緒，對於個人成長和情緒管理非常有益。對於助人工作者而言，幫助個案辨識和標定情緒不僅能夠降低情緒的緊張程度，還能通過這個過程深入理解情緒的更深層次。深層情緒往往具有更深層的原因，探索這些情緒的起源過程本身就能緩和情緒。

當助人工作者聆聽個案表達情緒時，可以從情緒科學家的角度出發，而不是情緒法官的立場。嘗試去聆聽個案表達的情感並理解其脈絡，因為情緒本身並沒有好壞之分。更重要的是，需要傾聽個案所遇到的問題以及情緒發展的背景，而不是以嚴格的態度斷言情緒的正確與否。

作為專業的助人工作者，你可能想知道如何提升自己的同理心能力。了解同理心與大腦功能之間的關聯可以有效地發揮同理心的功效。從神經科學的角度來看，初級同理心與大腦中

的腦島和前扣帶迴相關，特別是與鏡像神經元有關。而高級同理心不僅需要利用初級同理心相關的腦區，還牽涉到顳頂交界區的功能。

在腦神經科學領域中，同理心可以被細分為三個方面：情感同理、認知同理和同理關懷。情感同理，指的是能夠感同身受並理解他人的情感和行為意圖。認知同理，指的是能夠從他人的角度思考並理解他們的觀點。而同理關懷，則是能夠體現在我們有幫助他人度過困難的動機。

腦科學家發現，情感同理和認知同理可能對應於我們大腦中不同的神經網絡。情感同理讓我們能夠感同身受，特別是在涉及到疼痛時，我們會感到同情。與疼痛相關的腦區包括體感皮層、腦島和前扣帶迴。當我們實際感受到外界的物理刺激時，只會激活體感皮層，但是當我們看到他人經歷疼痛時，即使沒有直接受到刺激，我們也會感受到疼痛，這涉及到腦島和前扣帶迴的激活。相比之下，認知同理則相對複雜。負責認知同理的腦區可能包括顳頂交界區和內側前額葉皮質等區域。

當助人工作者運用同理心技巧時，他們會試圖從個案的角度去理解和感受個案所經歷的內在經驗。這並不意味著助人工作者必須完全同意個案的觀點或行為，而是以尊重和關愛的態度去理解個案的內在世界。

在臨床實踐中，運用同理心技巧可以包括以下幾個步驟：

1. 傾聽：助人工作者要專注且全神貫注地聆聽個案的言語和非言語表達。這需要助人工作者保持專注、沒有偏

見，並給予個案足夠的時間和空間來表達他們的內心世界。

2. 反映：助人工作者可以使用回應、摘要和澄清等技巧來回應個案的內容。這可以幫助個案感受到他們被理解和接納，同時也確保助人工作者對個案的理解是正確的。

3. 共鳴：助人工作者可以透過表達對個案情感狀態的共鳴，例如「我能理解你感到失望的原因」或「我能體會你現在的困惑和焦慮」。這種情感上的連結可以幫助個案感受到他們不孤單，並且有人理解和支持他們。

4. 探索：助人工作者可以進一步探索個案的內在體驗，例如問個案有關他們情感、價值觀和需求的問題。這有助於個案更深入地了解自己，並開展個人成長和發展的可能性。

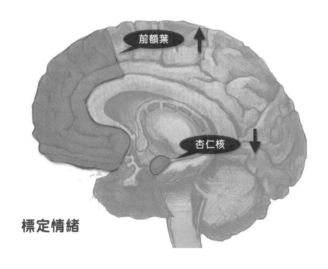

標定情緒

通過建立真誠的治療關係，以無條件的積極關懷和同理心，個案能夠感受到信任和安全感，這會使他們的邊緣系統快速降溫。此外，助人工作者幫助個案辨識和標定自己複雜的情緒，不僅有助於減少杏仁核的腦血流，還能增加前額葉的腦血流，這對調節情緒有益。

在焦點解決短期諮商中，一項重要的技巧是「一般化」，這也是緩和邊緣系統的一種有力工具。透過一般化，我們能夠將問題視為普遍且共通存在的情況，而非僅僅個人的孤立困境。這種技巧讓諮商師能夠協助個案將自身的困擾放在更廣泛的背景中看待，並找到與他人共通的經驗和解決方案。透過改變對問題的看法，減輕壓力和自我批評，一般化有助於緩和邊緣系統，並增強對解決方案的信心。

一般化技巧的核心原理基於人類的共通性。根據神經心理學的研究，我們的大腦在處理情感和行為時會受到社會認同和共通經驗的影響。當個案認識到自己的問題是普遍存在的，而他人也可能面臨類似的挑戰時，他們往往感到被理解和支持，並開始認識到問題不僅僅是個人的錯誤或無法克服的障礙。

諮商師可以運用一般化技巧的幾種方法：

1. 提供共通經驗：諮商師可以分享類似的情境或案例，讓個案明白他們並不孤單，有其他人也經歷過類似的情況。這種共通經驗的分享有助於個案感到被理解並減輕壓力。

2. 強調普遍性：諮商師可以指出特定問題或情緒反應在人

類中是普遍存在的，無論是因爲生理反應還是心理需求。這有助於個案將問題從自我評價轉變爲一種正常的反應，並促使他們尋找解決方案。

一般化技巧與神經心理學密切相關。神經科學的研究表明，人類大腦在理解和處理他人經驗時，會啟動鏡像神經元系統，這些神經元在觀察和模擬他人行爲時被激活。當諮商師使用一般化技巧時，他們能夠啟動個案的鏡像神經元系統，使其更容易理解他人的經歷並與之產生連結。此外，一般化技巧也與情感認知神經科學相關，該領域研究了情感和認知之間的相互作用。透過一般化，諮商師可以幫助個案從情感層面轉向認知層面，從而改變他們對問題的看法和反應。

在探討緩和邊緣系統的技巧和策略時，認知行爲治療也提供了一些實用的方法，其中腹式呼吸是一項重要的技巧。透過深呼吸並專注於呼吸過程，我們可以改變自己的生理狀態，減少壓力和焦慮感。這個技巧非常容易上手，且在日常生活中隨時都可以使用。你可以在本書〈優質壓力的管理策略〉找到詳細的指引，了解如何正確執行腹式呼吸。

在諮商輔導中，除了運用腹式呼吸，我們也可以運用深度肌肉放鬆術來幫助個案解決情緒失控的問題。韓瑞克森肌肉放鬆術類似於一種催眠的狀態，個案甚至可以在家中自行進行這種自我催眠。操作方法非常簡單，首先錄製一段催眠指導語，例如「我的頭和臉開始放鬆並感到溫暖」、「我的右臂感覺很

重但同時也感到溫暖」，一直延伸至腳部。最後，個案需要告訴自己「我現在進入了深度放鬆的狀態」。

這樣的做法有助於大腦進入比阿爾法波更慢的Theta波狀態。停留在Theta波狀態一段時間，有助於建立更多的神經連結。這些神經連結的建立有助於個案放下焦慮，使理智思考更加清晰，行動更有條理。

深度肌肉放鬆術不僅僅是一種放鬆身體的技巧，它同時也能夠影響我們的思維和情緒。透過達到Theta波狀態，個案可以增強自己的自我控制能力，降低焦慮和壓力，提高專注力和冷靜思考的能力。這樣的練習對於諮商輔導有很好的應用價值。

傑克森肌肉放鬆術也是另外一種常見且有效的肌肉放鬆技巧，在臨床諮商和心理治療中被廣泛運用。相較於韓瑞克森漸進式肌肉放鬆術，傑克森放鬆法著重於幫助人們專注於身體感受，並增強對肌肉緊繃和放鬆的感知。以下是傑克遜放鬆法的實務操作步驟：

1. 找一個安靜舒適的環境：選擇一個安靜、無干擾的地方進行練習。你可以坐在椅子上或躺在床上，確保身體感到輕鬆舒適。

2. 深呼吸並放鬆身體：開始深呼吸，讓自己進入一個放鬆的狀態。專注於每次呼氣時的肌肉放鬆感覺，並將注意力集中在呼吸過程中。

3. 選擇一組肌肉：選擇一組你想要放鬆的肌肉，可以是手

臂、腿部或肩頸等。這個選擇應基於你感到緊繃或不適的區域。

4. 緊繃肌肉：開始輕輕地緊繃所選擇的肌肉群，用力感受肌肉的緊繃感。維持這種緊繃的感覺幾秒鐘，讓自己完全意識到這種狀態。

5. 釋放肌肉：突然放鬆所選擇的肌肉，讓它們完全鬆弛下來。注意並專注於這種肌肉從緊繃到放鬆的轉變過程。同時，注意觀察和感受放鬆後的輕鬆和輕盈感覺。

6. 重複步驟：重複上述步驟，對其他肌肉群進行放鬆練習。可以從上半身到下半身，或從腳部到頭部進行選擇。每次放鬆時，請專注且全神貫注地進行。

　　認知行為治療中的思考中斷法，它在某種程度上也可以幫助個案緩和邊緣系統，從而打破負面思維模式。當個案意識到自己深陷消極的思緒中時，可以運用思考中斷法將注意力轉移到其他事物上，或進行積極的自我對話，以改變思緒的方向。這項技巧的目的是協助個案打破負面思維的循環，並轉向更積極的思考模式。

　　這項技巧與神經心理學的研究密切相關，因為它牽涉到大腦的神經迴路和情緒調節中心。當我們沉浸於負面思緒中時，相關的神經活動會增加，進一步加深我們的情緒困擾。然而，當我們運用思考中斷法時，我們通過干擾和中斷負面思維的自動化過程，減少相關的神經活動。這有助於打破負面情緒的循

環，並促進更積極的思考和情緒狀態的建立。

　　舉例來說，當我們意識到自己陷入負面思緒時，在適當的情境下，可以大聲喊停，然後問自己一些問題，例如「這種想法有根據嗎？」或「有什麼更積極的角度可以看待這個情況？」這些問題有助於打破負面思維的循環，並引導我們轉向更積極的思考。同時，這些問題也能引發大腦其他神經迴路的活動，進而促進積極情緒和思維的產生。

　　認知行為治療中「規劃憂慮時段」的技巧，也是緩和邊緣系統一個有效的方法。這項技巧是指有意識地為自己設定一段時間，專注於面對和處理憂慮情緒。透過這段特定時段，我們可以有意識地關注自己的憂慮、焦慮或壓力源，並運用有效的策略來處理它們。藉由規劃憂慮時段，我們能夠在安全和受控的環境下處理情緒，從而減少負面的思維循環，同時促進情緒的釋放和問題的解決能力。

　　神經心理學告訴我們，焦慮和憂慮情緒與大腦中的特定區域和神經傳遞物質有關。當我們感到焦慮時，大腦中的杏仁核會被激活，釋放出壓力激素，並引起身體的緊張反應。透過規劃憂慮時段，我們可以在受到干擾較少的環境中，有意識地面對和處理這些情緒。

　　具體操作上，規劃憂慮時段可以透過以下步驟進行：

1. 選擇一個每天固定的時間段，專門用來處理憂慮情緒。這段時間可以是10分鐘至30分鐘不等，視個人情況而定。

2. 在這段時間內，找一個安靜且沒有干擾的地方，讓自己能夠專注。

3. 面對自己的憂慮情緒，不要逃避或壓抑它們。接納這些情緒的存在，並試著理解它們的來源和原因。

4. 使用有效的情緒調節策略，例如深呼吸、放鬆練習、寫日記、反思等，來處理這些憂慮情緒。

5. 結束時，有意識地轉移注意力，將注意力轉向其他事物或活動，並盡量保持一個正向和放鬆的心態。

最後，緩和邊緣系統的方法，正念冥想一定是身為助人工作者的你一定要學會的技巧。正念冥想能有效地緩解邊緣系統的活躍，並幫助個案將情緒引導回理智思考。它已經在腦神經科學和臨床實踐中受到廣泛關注和應用。在本書前面「腦科學於正念的運用」的章節中，我們已經介紹了相關的腦神經科學和臨床應用。

· 探索問題根源

深入探索問題的根源是為了療癒早期生命經驗所帶來的創傷。作為助人工作者，我們需要幫助個案深入了解這段創傷經歷的前後背景。只有透過理解創傷發生的脈絡，個案才能夠開始整合這些創傷，並將它們融入生命的歷程中。

在理解創傷發生的脈絡時，有些個案可以清楚地理解過去創傷是如何影響自己的。然而，有些個案可能無法立即回憶起明確的過去相關事件的情節記憶，而只能感受到相關事件的

內隱記憶，例如情緒記憶、制約反應和程序記憶。這可能是因為創傷事件發生在孩子2-3歲以前，當時海馬迴皮質尚未完全發育成熟，導致情節記憶沒有被清晰地記錄下來。另外一種情況是，卽使創傷事件發生在海馬迴皮質已經成熟的階段，但因為創傷事件極度嚴重，海馬迴皮質可能受到大量糖皮質醇的影響，使得相關事件的情節記憶也變得模糊不清。因此，個案也不容易清楚地說出情緒問題的根源。

鑒於這些原因，不同的心理學方法有其獨特的方式來探索埋藏在情緒腦記憶中的神經痕跡。舉例來說，精神分析使用夢的解析，透過分析夢境中的象徵意義來揭示潛意識中的創傷經驗。完形心理治療則鼓勵當事人保持在感覺中，透過感覺的表達和探索，來逐漸釋放和理解內在的創傷。阿德勒個體心理學則運用早期回憶的技巧，通過回憶和重新體驗過去的事件，來深入了解創傷如何影響個案的人生。這些心理學方法各具特色，但都旨在幫助個案理解和處理內在的創傷和情緒問題，以下分別作進一步的解釋與說明：

夢境是心理治療中的一條寶貴通道，透過精神分析的方法，我們可以利用夢境解析來揭示潛意識中的記憶痕跡，並幫助個體理解和克服心理困擾。夢境中的情節、符號和情感提供了深入探索個體潛意識的窗口。

佛洛伊德以獨特的方式來解讀夢境，他相信夢境所呈現的內容僅僅是象徵性的表達，其中隱藏著更深層的意義。夢境可以分為兩個層面：顯性夢和隱性夢。顯性夢是指個案在醒來後

能夠回憶並陳述的夢境，屬於意識層面的體驗。而隱性夢則是個案在醒來後無法透過意識層面來描述的夢境內容。實際上，顯性夢是由隱性夢經歷經過一系列轉化過程後形成的。

夢境經歷了四種轉化過程，分別是凝縮、轉移、象徵和潤飾。凝縮是指顯性夢境將原本複雜難解的潛意識需求簡化為新的簡單夢境，從而使其更容易理解。轉移則是指在隱性夢境中重要的情節變得相對不重要，以避免心理防衛機制的干擾。象徵是隱性夢境轉化成象徵性形式呈現在顯性夢境中的過程，這使得夢境更具象徵性質，並能更好地表達潛意識中的內容。最後，潤飾是指顯性夢境中加入了部分隱性夢境的元素，使得夢境更加豐富且內容更全面。

夢境充滿了各種奇妙的元素。對於沒有從事夢境研究的專家來說，要從夢境內容中推斷白天的經歷並不容易，因為夢境經歷了凝縮、轉移、象徵和潤飾的過程。然而，若我們希望進行簡單的夢境分析，或許可以從夢境中的感受入手。因為那些未能妥善處理的白天情緒，例如不滿、委屈或害怕，有可能在夜晚透過夢境持續處理。透過情緒的角度來理解夢境，或許能更容易描繪出一些線索。

根據研究顯示，夢境內容通常包含人們感到恐懼的場景，例如掉進黑洞或被人追殺等。夢境是我們正常且不可或缺的神經生理現象。在夢境分析中，一般而言，當夢中出現殺人或被殺的情節時，可能表示白天你具有暴力傾向，或者在白天你是一個內心極度壓抑的人。白天這些情緒被壓抑著，晚上的夢境

中就有可能出現與傷害相關的情節。另一種情況是，白天你對自己的行為感到羞愧，無法承受外界壓力，夢中也有可能出現被殺的情節。所有這些都與憤怒、害怕、恐懼和羞愧等情緒有關。透過夢中的殺人或被殺情節，我們能夠釋放白天所呈現或壓抑的憤怒、害怕或羞愧情緒。因此，在夢境的分析中，夢境中的感受探討比夢境內容的分析更加重要。

夢境是一種寶貴的自我分析資源，但我們常常在醒來後無法回憶起夢境的內容。這是因為我們的大腦海馬迴皮質在睡眠期間向大腦皮質發送記憶訊息，以協助長期記憶的形成，然而它無法將夢境中的新經驗訊息納入其中。為什麼會發生這樣的情況呢？科學研究指出，這可能與兩種神經傳遞物質——乙醯膽鹼和正腎上腺素的變化有關。當我們進入快速動眼期睡眠時，乙醯膽鹼的分泌會回復到清醒狀態的水平，但正腎上腺素的分泌仍然相對較低。這些神經傳遞物質的差異可能是我們在醒來後忘記夢境的主要原因之一。

因此，在進行夢境分析之前，我們需要確保能夠充分記錄夢境。一個建議是在入睡前準備紙筆（或錄音筆），並在醒來時保持閉眼並專注回想剛才的夢境。然後使用準備好的紙筆（或錄音筆）詳細記錄回憶到的夢境畫面、動作和情緒。這樣的紀錄可以在海馬迴皮質恢復記憶能力之前填補記憶編碼的空窗期，因為海馬迴皮質至少需要幾分鐘的時間來啟動記憶編碼。

捕捉完整的夢境後，可以運用心理學家羅伯特提出的方法

來探索夢境。這種方法結合了榮格心理學的觀點，包含以下幾個關鍵步驟：

首先，當你醒來後，立即記下夢的細節，保持客觀和詳細，不要詮釋或解讀。這樣可以捕捉到夢境的完整性。接著，透過聯想，將夢中的元素和你內在的經驗和情感相連結。這樣做可以幫助你在夢境中找到更多的線索，並深入探索夢境所隱含的意義和象徵。

治療師在進行自由關聯時，可以引導你更深入地探索夢境中的意象與你個人的經驗之間的聯繫，並幫助你解析夢境中潛在的意義。在這個過程中，你將有機會更好地理解自己的內在情感和衝突，並探索它們對你日常生活和情緒狀態的影響。

其次，深入探討夢境中的情感、願望、恐懼和抗拒等情緒和動力，並探索其背後的心理動機和心靈內在衝突。治療師可以幫助你辨識夢境中可能代表內在情感和衝突的元素，並探討它們對你的日常生活和情緒狀態的影響。透過這樣的分析，你可以更好地了解自己的內在世界，並找到應對困難和解決問題的方法。

最後，透過解釋夢中的符號和象徵，可以幫助你理解夢境中可能隱含的深層意義和象徵。治療師可以引導你進一步探討夢境的個人意義和潛在啟示，並幫助你將夢境中的體驗與日常生活和情緒狀態相連結。這樣的連結可以促進個人成長和自我發現，讓你更加認識自己，並找到改善自己生活的方法。

透過羅伯特的方法，我們能夠以更深入的方式探索夢境，

並從中獲得對自己的洞察和啟示。藉由夢境的啟示，我們能夠更加了解自己的內在世界，進一步促進個人的成長和發展。

接下來，我們要介紹一個運用於諮商輔導的重要心理學分支，完形心理學。完形心理學專注於身體動作和感知經驗，認為身體的動作和姿勢對個人的情緒、行為和認知有著深遠的影響。透過特定的身體動作，我們能夠喚起與創傷相關的感覺和記憶。

在治療過程中，治療師會引導個案進行模擬和表演，重新體驗與創傷相關的情境和情感。這種體驗有助於個案重新覺察到過去的創傷記憶，並深入探索問題的根源。透過身體動作的模擬，個案可以重新連結到被壓抑或忽視的情感和感知，進一步理解和釋放內心的痛苦。

除了動作模擬，完形心理學還關注個案的感知經驗，包括感覺、觸覺和身體反應等。治療師可能會引導個案關注身體的感受和反應，並幫助他們更深入地理解和表達自己的情緒狀態。透過專注於身體感知，個案可以增強對內在經驗的覺知，更好地理解自己的情緒和需求，從而促進自我照顧和心理治療的效果。

綜合而言，完形心理學提供了一個綜合性的方法，將身體動作和感知納入諮商輔導的實踐中。通過模擬和表演，個案可以重新連結到創傷經驗中被忽視的情感和感知，並通過關注身體感受和反應，加深對自己情緒狀態的理解。

最後，我們要介紹一種應用阿德勒個體心理學早期回憶技

巧來探索問題根源的方法。阿德勒個體心理學著重於回溯早期回憶，以了解並重建個案在童年時期的經歷。治療師透過詢問和探索個案的童年故事和家庭背景，協助他們理解當時的情緒和行為模式，以及這些模式如何影響他們現在的生活。

在收集早期回憶時，有幾個重要的注意事項需要記住（Roy M. Kern, Belangee, & Eckstein, 2004）。首先，這些事件發生在個案十歲之前（有些學者認為是六歲之前，也有些學者認為是八歲之前）。其次，在回憶的過程中，個案需要能夠清楚地表達出來，而我們作為助人工作者則需要細緻地描述這些回憶，就像親眼目睹一樣。

情緒經驗對於理解個案的生活風格至關重要。因此，在收集早期回憶的過程中，我們必須同時關注回憶中的情緒。就好像我們把回憶片段定格成電影中的一幕，我們需要問個案當時的感受如何。重要的是，這些回憶描述的事件並不是日常生活中每天發生的事情，而是特定的事件，例如學校開始時的情境、父母離婚，或是遭受性侵等。同樣地，記得的部分比遺忘的部分更為重要。

在實際應用中，將以下步驟作為早期回憶搜集的開始，助人工作者可以使用以下引導語：

「每個人對周遭事物和人有獨特的看法和觀點，這就是所謂的『生命風格』。從我們剛才的對話中，似乎可以看出你也有一套獨特的生命風格。為了更深入地了解你對人生的看法，我們可以使用一種叫做『早期回憶』的搜集方法，我們一起來

嘗試一下，你對此有何感覺呢？」

在確認個案接受邀請後，助人工作者可以解釋早期回憶的時間範圍、過程以及需要個案的配合。同時，回答個案可能有的疑問，之後正式開始進行早期回憶的搜集。助人工作者可以這樣問個案：

「現在，請你盡可能回想一下你能記得的最早的回憶，最好是在十歲以前。想一想你最早的一個記憶，你記得的第一件事是什麼呢？」或者是「在你十歲以前的生活中，有什麼讓你印象深刻的記憶或故事嗎？」

如果個案能夠描述他的早期回憶，接著需要詢問個案：「當時你幾歲？」這樣可以進一步探索和引導個案提供更詳細、更有用的早期回憶內容，最好能夠融入五官感官方面的描述。特別注意個案描述中的「應該」、「必須」相關的回憶，以及區分個案自我與他人地位的高低。接著，可以進一步詢問個案：

「關於這個記憶，你最深刻地記得哪一個部分？」
「你還記得當時有什麼樣的感覺？」
「關於這個記憶，你還能回想起什麼內容嗎？」
然後，可以詢問個案：「如果你要為這個回憶拍一張特寫照片，這張照片會包含什麼內容？」或者問個案：「如果這些故事是一部電影，你作為導演，你會為這些故事取什麼樣的標

題？」

　　爲了更深入了解個案的整體情況和模式，收集早期回憶資料是非常有益的。一般建議至少蒐集3到5個早期事件的回憶，而不要少於3個事件。然而，也有些學者考慮到方便性和時間節省的因素，而選擇僅蒐集單一事件的早期回憶。

　　透過蒐集早期回憶，我們能夠探索個案的過去經歷、情感體驗和人際關係，進一步了解他們的成長歷程和發展模式。這些早期回憶提供了寶貴的資訊，協助我們理解個案目前所面臨的困擾和挑戰，以及這些困擾和挑戰的根源可能是什麼。

　　透過早期回憶的收集，我們可以獲得個案的情境和事件細節，例如家庭環境、教育背景、重要人際關係等等。這些回憶能夠幫助我們描繪出個案的生活背景，並且更好地理解他們在成長過程中所經歷的轉變和挑戰。

　　總的來說，心理學和腦科學領域提供了一些獨特的方法來探索情緒腦記憶中深藏的神經痕跡。精神分析學派強調夢的解析，通過分析夢境中的象徵意義來揭示潛意識中的創傷痕跡。夢境被視爲心靈的表達方式，反映了個體內在的衝突和慾望。透過解讀夢境中的象徵和隱喻，我們可以更深入地了解潛意識中的情感和經歷。完形心理治療則著重於身體動作和姿勢的表達。我們的身體是我們內在經驗的反映，它承載著情感和記憶的輪廓。透過模擬過去的情境和角色，我們可以重新體驗創傷

的根源。阿德勒個體心理學則專注於早期回憶的探索。我們的早期經歷對於自我認知和行為模式的形成起著重要作用。透過回想和重新詮釋過去的經歷，我們可以理解自己的行為動機和選擇。

・淡化或改寫早期神經迴路

我們的情緒大腦運作速度驚人，甚至超越了我們的意識察覺。它能夠自動檢索過去記憶中相關的訊息，讓我們能夠快速對外界刺激做出反應。這種現象通常被稱為「腦補」，或者更專業地稱為「無意識」。無意識可以細分為前意識和潛意識。無論如何稱呼，這是人類大腦數十萬年演化的成果，在大自然中求生過程中起著重要的作用。然而，這種神經運作機制在現代生活中卻對我們帶來困擾。原因在於無意識為了生存和快速反應，無法準確且完整地將訊息傳遞給我們。因此，嚴格來說，我們活在過去記憶的當下，而且這些記憶若不加留意，往往會與事實有所偏差。

曾經讓我們痛苦不堪的記憶傷痛，真的能夠被抹去嗎？事實上，沒有任何事情可以改變過去，我們能夠改變的只有當下。但這並不意味著過去神經迴路的痕跡無法改變。我們每個人都生活在基於過去記憶的當下，而現在所發生的事情將成為我們未來的記憶。瞭解大腦神經細胞運作的原則後，要想擺脫心理困境，唯一的方法就是改變當下大腦的思維模式，讓新的生活經驗所產生的神經迴路痕跡，納入過去的記憶庫中。下次當我們提取過去記憶時，因為記憶已經有所不同，當下的生活

體驗也將呈現全新的樣貌。

如果問題源於杏仁核，解決問題的方法就需要運用能夠調整杏仁核功能的治療法。通常這類問題與孩童早期生活經驗或過去創傷經驗有關。杏仁核能夠辨識出過去早期生活和創傷經驗，並牢牢記住與事件相關的所有線索。要訓練杏仁核產生不同的回應，就需要向杏仁核傳遞新的訊息，以便舊有的神經迴路形成新的連接方式。

那麼，如何幫助個案有效地改變當下大腦的思維模式，活出他們渴望的生活呢？助人工作者可以運用各種心理學方法，協助個案淡化或改寫早期神經迴路的連接，特別是杏仁核的神經痕跡。可運用的方法包括行為治療、完形心理治療、心理劇、人際歷程心理治療，以及眼動減敏與歷程更新療法等。以下將更詳細地解釋這些方法：

讓我們首先探討如何運用行為治療方法來淡化早期神經迴路的影響。在行為治療中，有一個常見的技巧被稱為「暴露不反應法」，它經常被用於處理恐懼、焦慮和創傷相關症狀。其中，系統減敏感法和洪水法是兩種廣泛應用的暴露不反應技巧。

系統減敏感法是一種逐步暴露的技巧，旨在幫助個案逐漸減少對於引起恐懼或焦慮的刺激的敏感性。這種方法通常適用於對某些特定刺激（例如蜘蛛、高處等）有強烈恐懼反應的人。首先，治療師可以與個案一起建立一個恐懼等級的階層表，列出不同程度的恐懼情境，從最不具挑戰性到最具挑戰性

的情境。接下來，治療師引導個案進行放鬆練習，以增強他們對於放鬆反應的掌握。在達到放鬆狀態後，個案逐步面對他們的恐懼情境，從最不具挑戰性的情境開始。在治療師的指導下，他們進行這些暴露練習，同時學習如何保持放鬆狀態。

洪水法則是一種直接暴露的技巧，其核心概念是將個案暴露在引起他們恐懼或焦慮的刺激之下，直到他們經歷到短暫的不適反應後逐漸消退。與系統減敏感法不同的是，洪水法不需要逐步進行暴露，而是直接面對具有挑戰性的情境。這種方法可以幫助個案快速學習到對於刺激的反應降低。然而，洪水法需要在專業治療師的指導下進行，以確保個案的安全與支持。

從腦神經科學的觀點來看，我們可以運用一種稱爲「反覆暴露」的方法，讓我們的大腦明白某些看似威脅的情境其實並不可怕，並且這種練習對我們沒有任何負面影響。恐懼是由於我們的杏仁核將情緒記憶和威脅相連結，而不是因爲當下眞的有實際問題。透過多次的反覆練習，我們可以讓杏仁核學習到新的經驗，進而減輕我們的問題。這種反覆暴露且不引發反應的技巧，與行爲治療中的古典制約和操作制約密切相關。

杏仁核在制約反應中扮演著重要的角色，它負責處理與情緒和反應相關的刺激。在神經迴路中，杏仁核可以分爲背外側杏仁核和中央杏仁核，而它們在古典制約和操作制約中扮演不同的角色。

古典制約指的是當背外側杏仁核受到某種外界刺激（例如食物出現）時，它會被激活，這種刺激被視爲輸入端。接著，

中央杏仁核會引發相應的反射性或非自願性行為（例如流口水），這被視為刺激的輸出端。

　　而操作制約則是指由刺激引起的行為改變的過程，也稱為工具制約。在這種情況下，個體最初自願進行某種行為，當這個行為產生結果時，該結果（通常是獎賞刺激或懲罰）會影響個體是否重複這個行為。在杏仁核的神經迴路中，制約刺激（例如鈴鐺聲）和非制約刺激（例如食物出現）同時出現，並在背外側杏仁核之間建立聯繫。同時，中央杏仁核負責引發反射性或非自願性的行為（例如流口水）。透過多次的重複，由於制約刺激和非制約刺激在背外側杏仁核之間建立了神經連結，即使只有鈴鐺聲而沒有食物出現，背外側杏仁核仍然會被激活，接著中央杏仁核也會產生相應的反應，例如不自主地流口水。

　　理解這些神經心理學的概念後，我們可以將它們應用於諮商輔導中。這意味著我們可以運用系統減敏感法和洪水法這兩種反覆暴露且不引發反應的技巧，重新建立刺激和行為之間的聯繫，調整早期的神經迴路，幫助個案減少恐懼和焦慮症狀。

　　在了解了如何運用行為治療方法減輕早期神經迴路的影響之後，現在我們將探討更多的方法來改變早期神經迴路。這些方法包括完形心理治療、心理劇、人際歷程心理治療，以及眼動減敏與歷程更新療法。

　　完形心理治療是一種綜合性的心理治療方法，其中的空椅法是常用的臨床技巧之一。透過空椅法，治療師可以協助案主

探索和處理內在衝突、情感困擾、未完成的事情或內心對話。

空椅法在完形心理治療中廣泛應用，提供一種互動且實際的方式，讓案主更深入地探索內心世界、表達情感，並處理內在衝突，進而促進個人成長。透過與空椅子對話，案主可以直接地與內在的一部分對話，增進自我覺察和理解，並找到解決問題的新途徑。治療師的角色是引導和支持案主在空椅對話中的探索，同時提供情感安全和支持。這種方法在建立治療關係、促進情感表達、解決內在衝突和增強整體整合方面具有價值。

從腦神經科學的角度來看，在完形心理治療的空椅法中，案主透過與空椅子對話和角色扮演，可以重新體驗和探索過去的情感經驗，並尋找新的思維和行為模式。這種重新體驗和探索的過程可以促進神經可塑性，使大腦中相關的神經迴路重新連接和調整，從而實現根本性的改變和成長。

在空椅法中，治療師通常會在治療室中放置一把空椅子，鼓勵案主扮演不同的角色或表達他們內心的不同部分。這種方法可以幫助案主直接地體驗和表達他們的情感，同時提供一個安全的空間來探索不同的觀點和解決方案。以下是空椅法的臨床實際應用的具體步驟和解釋：

1. 識別內在衝突或問題：治療師與案主一起識別出內在的衝突、困擾或未完成的事情。這可能涉及到案主與他人的關係問題、內心對話或情感的兩難。

2. 選擇一個角色或內部部分：案主被要求選擇一個角色或

內部部分來表達他們的感受。這可以是內心中的另一個自己、他人、情感或抽象概念。

3. 扮演角色或部分：案主將自己投入到所選的角色或內部部分中，並在治療師的引導下開始與之對話。他們可以在心理上想像對話，或者直接與空椅子進行對話。

4. 自我表達和對話：案主通過口頭表達、情感表達和身體語言與所選的角色或部分進行對話。這可以是對過去或現在的情感體驗的表達，也可以是對所選角色的詢問、抗議、對話或解決。

5. 觀察和反思：治療師和案主一起觀察和反思所發生的對話和情感體驗。這可以涉及對情感、觀點和解決方案的探索，以及對案主內在經驗的深入理解。

6. 整合和回顧：治療師與案主一起整合和回顧所發生的對話和情感體驗。這可能涉及對治療過程的評估、洞察的獲得以及設定下一步的治療目標。

這種對話和角色扮演的過程涉及神經系統的活動和調節。個案的大腦會處理情感、思維和感知相關的訊息，這些訊息透過神經傳遞在不同的腦區之間傳遞和整合。神經心理學的知識和理解可以幫助治療師更好地理解案主的內在體驗和情感表達，並促進神經可塑性和治療效果的提升。

心理劇，也是一種在心理治療中廣泛應用角色扮演的臨床技術。它通過讓案主扮演不同的角色和情境，以模擬真實生活

中的情況，幫助案主探索和理解自己的內在體驗、情感和行為反應。以下是心理劇在臨床實際中的具體運用：

1. 角色切換和情境重建：心理劇提供了一個安全的環境，讓案主可以切換角色並重建特定情境。這使得案主能夠重新體驗和探索過去的情感經驗，理解不同角色的立場和感受。這有助於增進案主對自己和他人的理解，並促進自我認識和個人成長。

2. 解決內在衝突和對話：通過扮演不同的角色，案主可以表達和探索內在的衝突和對話。這種角色扮演提供了一個機會，讓案主充分表達他們的內心世界，與不同的部分對話並尋求解決方案。這有助於案主理解自己的內在衝突，促進自我調整和情感整合。

3. 模擬現實情境和技能培養：心理劇可以用來模擬真實生活中的情境，例如溝通困難的對話、衝突解決、社交技巧等。案主可以在模擬情境中練習和學習適應性的情感和行為反應，並發展新的應對策略和技能。透過反覆練習，案主可以增加信心和自信，並在實際生活中應用所學的技能。

4. 提供情感表達和治療支持：心理劇為案主提供了一個表達情感的出口，讓他們能夠在安全的環境中釋放和表達內在的情感。治療師可以在角色扮演過程中提供情感支持和指導，幫助案主理解和處理他們的情緒反應，並提供適當的情感調節和情感整合。

接著，和大家談談改寫早期神經迴路的另外一個策略，人際歷程取向治療（Interpersonal Process Therapy）。人際歷程取向治療是一種整合性的心理治療方法，將依附理論、家族系統、人際一心理動力和認知行為理論等多個理論取向融合在一起。這個治療法治療師需要把自己當成治療過程中的一個工具，它的核心在於將治療關係視為促進案主根本性改變的關鍵要素，旨在提供案主修正性的經驗，從而幫助案主實現根本性的改變。

　　人際歷程取向治療和神經心理學之間存在著密切的關係。儘管兩者來自不同的學科領域，但它們在理論和實踐層面上有著相互交叉和互補的關係。以下是人際歷程取向治療與神經心理學之間的關係：

1. 神經生物學基礎：神經心理學研究人類和動物的神經系統如何與行為、思維和情感相關聯。這種研究提供了人際歷程取向治療的理論基礎，解釋了人們的行為和情感反應是如何在神經層面上運作的。透過神經科學的研究成果，人際歷程取向治療能夠更深入地理解人際關係、情感互動和治療關係的形成和運作。

2. 神經可塑性和修正性經驗：神經科學研究顯示，大腦具有可塑性，即能夠通過經驗和學習進行結構和功能上的改變。人際歷程取向治療以治療關係中的修正性經驗為核心，通過與治療師之間的互動和反饋來促進案主的根

本性改變。神經心理學的研究提供了對於大腦可塑性和學習機制的理解，這對於人際歷程取向治療的效果和過程具有重要的意義。

3. 情緒調節和自我規律：神經心理學研究對情緒調節和自我規律的過程提供了深入的了解。人際歷程取向治療關注案主的情感和自我調節能力，幫助他們建立健康的情感互動模式和自我價值。神經心理學的研究成果提供了對情緒調節和自我規律的神經機制的理解，這對於人際歷程取向治療的實踐和技巧具有重要的指導作用。

人際歷程取向治療的核心在於將治療關係視為促進案主根本性改變的關鍵要素。透過治療師和案主之間的互動，案主能夠逐漸探索並理解自己的內在世界、人際互動模式和情感需求，並以此為基礎建立更健康、滿意的人際關係。以下是人際歷程取向治療在臨床實際中的運用：

1. 治療關係的重要性：人際歷程取向治療強調建立良好的治療關係。治療師通過提供尊重、關懷和理解等積極的治療態度，創造一個安全且支持性的環境。這有助於案主感受到真實和情感上的連結，並促進探索內在世界和人際關係的發展。

2. 矯正性情緒經驗反應的提供：人際歷程取向治療旨在提供案主具有修正性的經驗，透過與治療師之間的互動來糾正過去的關係模式和困擾。治療師會敏銳地觀察案主

在治療過程中的情感、思想和行為，並提供即時的反饋和解釋，以幫助案主深入了解自己和他人之間的互動模式。

3. 探索人際關係和情感互動：人際歷程取向治療重視案主與他人之間的人際關係和情感互動。治療師與案主一起探索他們的家庭、朋友和伴侶關係，並關注其中的困難和衝突。透過對人際互動的理解和改變，案主能夠建立更健康、支持性的人際關係。

4. 培養自我覺察和自我調整：人際歷程取向治療鼓勵案主發展自我覺察和自我調整的能力。案主能夠更清楚地了解自己的情感、需要和價值觀，並學習在人際互動中表達和滿足這些需求。治療師提供支持和指導，幫助案主發展更健康的自我形象和自我價值。

5. 解決人際衝突和問題：人際歷程取向治療致力於解決案主在人際關係中的衝突和問題。治療師幫助案主識別和理解這些衝突的根源，並提供解決方案和技巧，以改善人際互動和溝通。這有助於案主建立更健康、滿意的人際關係。

人際歷程取向治療與矯正性情緒經驗反應密切相關。通過治療關係中的情感連結和矯正性情緒經驗，治療師能夠幫助案主修正早期的創傷或不健康的神經迴路，進而建立更健康、更滿足的人際關係，並促進個人的心理成長和發展。

最後，介紹一個和之前幾個改寫早期神經迴路很不一樣的方法，眼動減敏與歷程更新療法（Eye Movement Desensitization and Reprocessing, EMDR）。眼動減敏與歷程更新療法是弗朗辛・夏皮羅（Francine Shapiro）博士提出的一種神經心理學方法，能夠幫助個案改寫早期神經網路的布線。透過眼動過程的刺激，EMDR能夠激活受損的大腦區域，使個案得以整合創傷經歷和情境、情感以及認知網絡，進而修復創傷相關的神經連結。

EMDR治療過程可分為三個主要部分，每個部分都有不同的處理內容。首先是過去事件的處理（Past Event Processing），助人工作者會先評估個案曾經經歷的創傷事件，然後引導個案進行眼球運動。透過這種方式，個案能夠處理、消化並減輕與創傷事件相關的情感和感覺經驗。這個部分通常是EMDR治療的開始。

接下來是現在觸發因素的處理（Present Trigger Processing），助人工作者會評估個案目前是否仍然受到引發情緒反應的觸發因素的影響。然後，他們會引導個案進行眼球運動，以處理和消化這些觸發因素。這有助於個案建立更穩定的情緒調節能力，以應對目前的觸發因素。

最後是未來模板（Future Template），助人工作者會引導個案想像可能出現的未來挑戰情境。透過眼球運動，他們幫助個案建立積極的情緒反應和認知模板，以增強個案對未來挑戰的自信心和能力。

臨床實務工作上，EMDR療法可再分為8個階段，包括病史和治療計劃、事件準備、評估、減敏、安置、身體掃描、結束，以及治療評估和後續照護。在病史和治療計劃階段，助人工作者會評估個案的準備程度，並與個案共同確定需要處理的問題和相關經驗，以制定適合的治療計劃。在準備階段，助人工作者將協助個案建立安全感和信任關係，並教授個案使用自我調節策略（如深呼吸或正念），以應對治療期間可能出現的情緒或生理反應。

　　透過EMDR的評估階段，助人工作者能夠深入了解個案的創傷經歷以及相關的情緒和信念，同時協助個案確定治療的目標。在評估階段中，助人工作者會運用一些量表來評估個案對特定經驗的主觀反應和認知可信度，這包括主觀痛苦感覺單位量尺（Subjective Units of Disturbance Scale, SUDS）和認知效度量尺（Validity of Cognition, VOC）。

　　在評估SUDS數值時，助人工作者會請個案評分目前主觀狀態的強度，使用0到10的數值量表。其中，0代表沒有痛苦或焦慮感，而10則代表極度痛苦或焦慮感。個案需要根據自己的主觀感受和反應給出一個評分，以幫助助人工作者了解目前的情緒狀態。

　　在評估VOC數值時，助人工作者會詢問個案相關的負面信念，例如「我是無用的」、「我很軟弱」等，然後評估個案對於這些負面信念的認可程度。同樣地，使用0到7的數值量表，0表示完全不相信，7則表示完全相信。個案需要根據自己的認

知和信念給出一個評分，以幫助助人工作者了解個案對負面信念的認同程度。

在進行EMDR治療時，助人工作者會依據個案的主觀反應和認知可信度評分，選擇適當的治療目標，並開始EMDR治療過程。在治療過程中，助人工作者會持續詢問個案的SUDS和VOC數值，以評估治療的效果。這些數值的變化能夠提供助人工作者和個案對治療進展的了解，同時也作為治療過程中調整策略和確定下一步行動的參考依據。

在減敏階段，助人工作者利用眼動刺激或其他感官刺激的方法，協助個案重新連結創傷經歷與更健康的反應，以進一步減輕創傷對個體的影響。在進行左右眼球運動刺激的過程中，助人工作者會引導個案專注於剛才討論的特定創傷事件，同時執行雙眼運動，並專注於注意力的集中。

在安置階段，助人工作者致力於幫助個案建立積極的自我認知和信念，同時加強使用自我調節策略來促進治療過程。在身體掃描階段，助人工作者會引導個案進行身體掃描，以察覺可能仍存留的感覺或緊張狀態。在結束及後續照護階段，助人工作者評估治療進展情況，並判斷個案是否需要進一步的處理。同時，助人工作者與個案共同回顧治療過程，明確達成的目標，並幫助個案準備好在治療結束後維持積極的改變和成果。透過這些階段的有效執行，個案能夠建立良好的自我認知、釋放壓力，並持續獲得正向的心理成長。

左右眼球動眼減敏

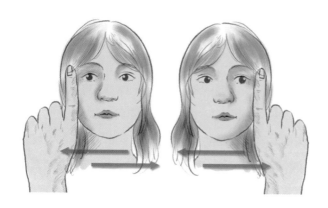

　　在整個治療過程中，助人工作者利用各種語言技巧，如話語、語氣、聲調和節奏，來引導個案探索和表達內心的經驗，以促進情感和行為的轉變。以下是一些常見引導語的例子，這些引導語能夠使得助人工作者與個案建立良好的關係，增進彼此的溝通和互動，幫助個案更好地理解和探索自己的內在經驗，找到解決問題和改變行為的方法：

1. 開放式問題：「你可以告訴我更多關於這個情況的細節嗎？」、「你覺得怎樣？」
2. 反映式回應：「我聽到你說……」、「我感覺你感到……」
3. 探索內在體驗：「你能告訴我更多你當時的感受是什麼？」、「你現在感到什麼？」

4. 向前推進：「現在讓我們來看看下一步該怎麼做。」、「你是否願意嘗試一些不同的方法？」
5. 合作夥伴和支持者的角色：「我們一起來解決這個問題。」、「我會一直在你身邊支持你。」
6. 確認和同理：「我知道這很難，但你已經走了很長的路。」、「我理解你的感受，你並不孤單。」

這些引導語能夠幫助助人工作者與個案建立良好的關係，增進彼此的溝通和互動，幫助他們更好地理解和探索自己的內在經驗，找到解決問題和改變行為的方法。

從腦神經科學的角度來看，EMDR是一種基於神經科學原理的治療方式，目的在於減輕創傷所引起的壓力和不適感。當人們遭受創傷時，創傷的記憶可能在大腦中被儲存，並與負面情緒和身體反應相關聯。因此，EMDR治療通過調節大腦的活動，幫助人們更有效地處理創傷經驗，避免被情感所淹沒。

EMDR治療的效果可能與多種神經科學機制有關。例如，EMDR治療可能會減少杏仁核的活動，進而降低情感反應的強度。這可以幫助人們更好地掌控自己的情緒，並更有效地處理創傷經驗。此外，EMDR治療還可能增加前額葉皮層的活動，這是大腦中負責認知控制和情感調節的區域。這種增強的活動可以提高自我調節的能力，進而幫助人們更好地處理創傷經驗。同時，EMDR治療可能還會增加海馬的活動，從而提高記憶的能力。這可以幫助人們更好地回憶起治療過程中發生的事

情，以及自己如何處理創傷經驗。

　　總的來說，行為治療透過暴露不反應的技術，重新建立個案對負面情緒和行為的制約反應，幫助其擺脫循環。完形心理治療著重於個案認知自我故事，透過空椅法等技術深入探索心理內容和情感經驗，促進成長和轉變。心理劇結合角色扮演和戲劇技巧，讓個案通過扮演角色來理解內在衝突和情感，推動自我成長和轉變。人際歷程心理治療聚焦於人際關係對個案的影響，幫助改善互動模式和建立健康支持性關係。眼動減敏與歷程更新療法結合眼動運動和心理治療，常用於處理創傷後壓力症候群等，重新處理創傷記憶，促進情緒解脫和康復。

（三）活出自己想要的生活

　　每一個動物的生存都是為了種族的延續，而人類卻有著更多的思考和追求。因著現代醫療科技的進步，人類的壽命超出了以往的預期，我們開始思考生存的意義和活出理想生活的方法。如果我們請教一位人力資源專家，他可能會分享職涯轉換和薪酬談判技巧。然而，如果我們尋求腦科學家的見解，他會告訴我們先了解大腦內側前額葉皮質的運作方式。

　　內側前額葉皮質在人類和其他動物中是一個不同尋常的腦區，它比其他靈長類動物的同樣區域更大。在價值判斷方面，內側前額葉皮質扮演的角色就像海馬迴皮質在記憶過程中的作用一樣重要。根據腦神經科學家的研究，即使在休息時，內側前額葉皮質的活動比我們所想像的還要頻繁。這意味著，即使

在休息時，我們的大腦仍在反思「我是誰？」這個問題。

內側前額葉皮質是負責思考生命意義的重要腦區，與大腦中的自我評價迴路密切相關。自我評價涉及我們對自身身心狀態、能力和特質的評價，以及與他人和社會關係的評價。內側前額葉皮質幫助我們思考「我是誰？」這個問題，而思辨的過程中也會涉及「我害怕什麼？」、「我喜歡什麼？」、「我為何成為現在的我？」以及「未來我要去哪裡？」等問題。

阿茲海默症相關的研究證實了內側前額葉皮質和「我是誰？」之間的關聯。阿茲海默症患者的腦中存在錯糾結的蛋白質，導致不同腦區的神經細胞受損，進而出現各種症狀。最初受損的是海馬迴皮質，因此患者的短期記憶受到影響。隨著病情進展，頂葉皮質也受損，從而影響了空間感知能力，導致患者迷路。最後，如果內側前額葉皮質也受損，那麼與自我相關的判斷就開始受到影響，這將導致患者的個性發生巨大轉變。因此，內側前額葉皮質與自我有著密切的聯繫。

在華人文化中，我們很容易被「乖」這個詞所束縛。這個詞的一大含義是要聽話。從小，我們被教導要乖，右腦的背外側前額葉皮質被灌輸了什麼是不應該做的，而左腦的背外側前額葉皮質則被灌輸了什麼是應該做的。久而久之，內側前額葉皮質就接受了一系列關於人應該如何行事的規範和教條。一旦違反這些規範，你就可能被視為不好。因此，內側前額葉皮質負責思考「我是誰」的能力從小被壓抑，無法得到有效的鍛煉。這導致孩子們在長大後，當需要為自己的人生做出抉擇

時，常常不知道自己喜歡什麼、能做什麼。

　　然而，一個人的生命活得有意義，最好是所做的事情是自己想做的、能做的、努力做的，也是對他人有益的。當我們做自己想做的事時，大腦會分泌多巴胺，讓我們感到快樂和愉悅；如果我們做的事是我們能夠做到的，大腦會分泌血清素，這與自信、自尊和掌控感密切相關；如果我們做的事是需要努力的，也就是目標超出了我們的能力範圍，大腦會感受到壓力，分泌正腎上腺素。正腎上腺素的分泌提高了我們的警覺性，讓我們感受到生命的活躍；如果我們做的事對他人有益，大腦會分泌催產激素，讓我們有歸屬感。簡言之，當我們的行動符合上述四個原則時，生活的能量將源源不斷，同時我們也會感到極大的快樂和成就感，從而活出有意義的生活。

　　關於生命的意義，前幾年皮克斯的電影《靈魂急轉彎》引起了我們對這個問題的思考。「生命的火花到底是什麼？」這部電影中的主角，在他童年時第一次聽到爵士樂演奏時，心中點燃了一絲火花，使他相信「我天生註定要……」。然而，在他一生努力追尋生命意義的過程中，一次意外讓他開始質疑這個火花是否真實存在。夢想成真後，又該如何繼續前行呢？是追逐目標、充實一生最美好的方式，還是已經擁有的日常瑣事才是生命中的珍貴之物？生命短暫，僅僅追求精彩才值得嗎？日常瑣事是否也能成為生命中的美好之處？

　　「這一生，我想要什麼？」每個人都有不同的答案。有些人能從日常瑣事中感受到生命的意義，因為這些瑣事讓他們感

到「活著」的動力；而另一些人則將畢生精力投入尋找所謂的生命意義，若失去了夢想，也就失去了前行的動力。

瞭解自己真正追求的是什麼，是一個必要的過程，而獨處恰恰能提供這樣的機會。獨處時，我們可以檢視負責「我是誰？」的大腦區域如何運作。當我們獨處時，大腦的預設模式網絡往往會啟動，這讓我們與自己展開對話。通過這種對話，我們有機會深入思考自己真正渴望的生命火花是什麼。然而，想要活出自己渴望的生活，僅僅獨處是不夠的，我們還需要心理學的幫助。存在主義、榮格心理學等可以為我們提供指引，幫助我們探索生命的意義和價值。這些心理學理論可以幫助我們更深入地了解自己的內在世界，發現個人獨特的生命意義，並為我們的生活帶來豐富與充實。

存在主義是一種心理治療取向，強調個體對存在的主觀體驗和意義的追求。每個人都會經歷這些伴隨著死亡、無意義、自由，以及基本孤獨的思想而來的焦慮。在治療的過程中，會協助個案關注面對存在的困境和人生的挑戰時如何找到個人的自由、責任和意義。當運用存在主義的臨床實際運用時，治療師可以通過以下方式操作：

1. 探索存在困境：例如，一位案主可能面臨著人生意義的困惑，感到生活缺乏目標和目的。治療師可以通過提問案主的價值觀、興趣和個人意義的來源來進一步了解案主的內在體驗。他們可以問案主：「你認為生活的意義是什麼？有什麼是對你來說真正重要的？」

2. 強調自由和責任：治療師可以幫助案主認識到他們自己的選擇和行為對生活的影響。例如，一位案主可能抱怨他們的工作讓他們感到壓力和不滿。治療師可以問案主：「你是否有其他選擇？你是否願意探索一些可能的行動來改善你的工作狀況？」

3. 尋找個人意義和目標：治療師可以通過與案主的對話和反思來幫助他們探索個人意義和目標。例如，一位案主可能感到迷茫，不知道自己想要在生活中追求什麼。治療師可以引導案主思考他們的興趣、價值觀和生活的重要層面，以找到對他們有意義的目標。他們可以問案主：「你現在的興趣和價值觀是什麼？有什麼樣的目標可以讓你感到更有意義？」

4. 處理存在的焦慮：當案主面對存在的焦慮和不確定性時，治療師可以提供支持和理解。他們可以幫助案主探索焦慮的來源，並鼓勵他們接受這些感受。治療師可以問案主：「你覺得焦慮是如何影響你的生活？你是否願意接受這種不確定性和不安？」

總而言之，存在主義在臨床實際中強調個體的自由、責任和意義的尋找。治療師幫助案主探索存在困境，理解自由和責任的重要性，找到個人的意義和目標，並處理存在的焦慮。這種治療取向通常需要深入的對話和反思，以幫助案主在面對困難時找到更具意義和目標導向的生活方式。

運用榮格的字詞聯想法，可以幫助助人工作者深入探究內側前額葉皮質與生命意義神經迴路之間的關係。在實際工作中，當面對一位感到目前生活失去激情的個案時，助人工作者可以邀請他在一張白紙上填寫與他自己想要的生活相關的字詞，並將它寫在紙的中央位置。接著，以這個字詞為起點，邀請個案在周圍寫下一些與該字詞相關的其他想要的字詞，並用輻射線連接每個字詞。這個填寫字詞聯想的過程可以進行三至四層的延伸，每次只需聯想到上一層字詞卽可，並不需要與上上一層的字詞直接相關。

　　在這個過程中，告訴個案儘量不要過多思考或考慮聯想間的合理性，儘量在五分鐘內完成填寫。然後，在這張紙上，從中選取一些相對吸引自己的字詞，將它們放在一起，並發揮自己的想像力。有時候，個案在感到生活失去激情時，透過這個過程可以意識到自己仍然可以在生活中做出一些不同的變化。

　　這種基於榮格的字詞聯想法可以幫助個案連結內側前額葉皮質與生命意義的神經迴路。透過填寫字詞聯想，個案可以開拓思維、激發創造力，並發現對於自己想要的生活具有吸引力的元素。這個過程有助於個案重新啟發生活的火花，並意識到可以採取不同的行動和改變，以創造更具意義和豐富的生活體驗。

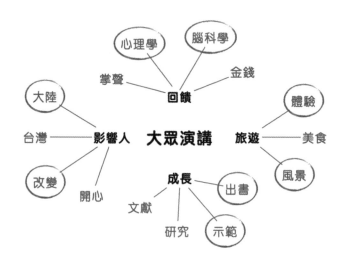

　　另一個探索內側前額葉皮質關於生命意義神經迴路的工具,就是卡蘿‧皮爾森所提出的內在英雄之旅,它讓我們思考人生的旅程應該如何展開。喬瑟夫‧坎貝爾的著作《千面英雄》深受榮格心理學的影響,其中英雄之旅的概念後來在世界各地的神話故事中都能找到,並以出發、探索和回歸三個步驟呈現英雄之旅的模型。這種共同存在於集體潛意識中的約定或思想,受到邊緣系統和大腦皮質的共同調控。

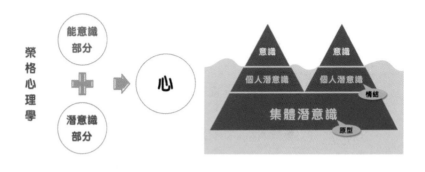

在臨床實務中，我常常運用與英雄歷險相關的概念，幫助個案探索內在前額葉皮質中的潛藏英雄，並探究「我是誰？」和「未來的我要往哪裡去？」這些關乎生命意義的問題。皮爾森博士透過六種角色的轉變，詳細說明了人們如何在自己的人生旅程中活出內在的英雄。這六種角色分別是天真者、孤兒、流浪者、鬥士、殉道者和魔法師。英雄之旅以循環或迴旋的方式前進，為我們提供了一個探索內在沉睡英雄原型的框架藍圖。

我們常常錯誤地以為擁有某樣東西後就能獲得內心的平靜和滿足。然而，經過這麼多年的歲月，我們是否真的因為擁有某物而感到內心平和？還是我們一直期待下一個東西的出現？從神經心理學的觀點來看，多巴胺是一種神經傳遞物質，它可以促使大腦的報酬系統，引發愉悅感。當我們達成一個目標時，大腦會釋放多巴胺，讓我們感到興奮和滿足。然而，這種感覺通常很短暫，且隨著時間的推移而消退。因此，如果我們無法持續尋找新的目標，就容易陷入失落和無助的情緒中。

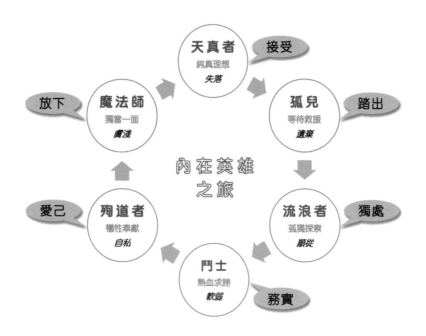

　　榮格的內在英雄之旅從神經心理學的角度來看，涉及到多
巴胺的釋放和目標達成的關聯。然而，這種興奮感通常很快就
會消退。如果我們無法持續尋找人生下一個目標，生命就可能
失去活下去的動力。因此，持續尋找新的目標並不斷成長，是
保持生命活力和幸福感的關鍵之一。以下是內在英雄之旅具體
操作的解釋：

1. 確定內在英雄的角色：根據卡蘿‧皮爾森提出的六種角
　 色，即天眞者、孤兒、流浪者、鬥士、殉道者和魔法
　 師，助人工作者可以引導個案探索自己在不同情境中扮
　 演的角色，以及這些角色如何影響他們的生活。

2. 探索個案的心靈密碼：心靈密碼代表個案的核心價值觀、目標和意義。透過與個案的對話和探索，您可以幫助他們理解「我是誰？」和「未來的我要往哪裡去？」這些生命中重要的問題。

3. 建立內在英雄之旅的故事：協助個案將他們的個人旅程視為一個故事，具有起伏和轉變。這個故事可以幫助他們理解過去的經驗，並創造一個更有意義和目標導向的未來。

4. 使用創造性表達形式：除了對話，您可以鼓勵個案使用各種創造性表達形式，如繪畫、寫作、角色扮演等，來更深入地探索他們的內在英雄之旅。這些形式可以幫助個案表達情感、經驗和想法，並啟發他們的創造力和洞察力。

5. 應用榮格心理學的原則：內在英雄之旅的臨床操作基於榮格心理學的原則，包括個體和集體無意識的概念、陰影工作、夢境解析等。您可以運用這些原則來幫助個案更深入地理解和整合他們的內在世界。

　　總的來說，助人工作者的角色是協助個案瞭解自己目前處於什麼樣的人格原型階段，不同的人格原型有著不同的人生關卡需要面對。依據英雄之旅的不同人生階段，個案能夠看到他可能會遇到的課題以及需要努力的方向，進而活出自己想要的生活。

上述關於鍛鍊健康腦肌力腦科學與心理學的相關內容，統整成表格如下：

運用腦科學做諮商指引	運用心理學做處遇計畫
（一）理智腦的問題	
覺察習慣性互動	阿德勒（蘇格拉底式問句）、薩提爾（溝通姿態、家庭雕塑）、人際溝通分析（溝通形式）、完形（角色互換）……
探究內心的渴望	動機式晤談（回顧過去、想像未來、探索價值）、現實（五大需求）、薩提爾（冰山理論）、阿德勒（行為目的論、五大生命任務）……
強化動機	敘事（見證）、艾瑞克森（是的套組）……
增強因應能力	現實（良好目標設定）、焦點解決（量尺問句、例外問句）、認知（心像練習）、阿德勒（英雄/偶像問句）、動機式晤談（提供訊息三步驟）……
調整自我認知	認知行為（重新框架、蘇格拉底式對話）……

運用腦科學做諮商指引	運用心理學做處遇計畫
（二）情緒腦的問題	
緩和邊緣系統	個人中心（同理）、焦點解決（一般化）、認知行為（深呼吸、肌肉放鬆術、思考中斷法、規劃憂慮時段）、正念（冥想）……
探索問題根源	精神分析（自由聯想、夢的解析、抗拒／移情的分析）、完形（鼓勵當事人要留在感覺當中）、阿德勒（早期回憶）……
淡化或改寫早期神經迴路	行為（暴露不反應）、完形（空椅法）、心理劇（角色扮演）、人際歷程（矯正性情緒經驗反應）、眼動減敏與歷程更新（過去事件處理、現在觸發因素處理、未來模板）……
（三）活出自己想要的生活	
聆聽內在自我的聲音	存在主義（自由、死亡、孤獨、無意義）、榮格（字詞聯想、內在英雄之旅）……

註：情緒腦的問題，如果根源是來自「繁衍」這個部分，則需要懂更多精神病理學的相關知識。

神經心理學未來的趨勢

神經心理學是一門研究大腦結構、功能和心理過程之間相互關係的學科。它結合了神經科學和心理學的知識，旨在深入理解大腦如何影響我們的思維、情緒和行為，以及如何將這些知識應用於心理治療和諮商實踐中。現在讓我們一起探索未來神經心理學可能帶來的變革和挑戰。

心理諮商新紀元

未來心理諮商領域的重要發展之一是將大腦神經科學與諮商實踐整合起來。現今的科技已經使我們能夠掃描大腦並將其活動轉換成圖像，這些圖像可以告訴我們當下的狀態、思想和意念。透過比對這些圖像與一般人的對照，我們能夠更深入地瞭解自己的意識、思考邏輯、夢境、行為、心智活動以及身心問題和精神疾病。

隨著腦科學成像技術的不斷發展，我們可以預見未來這些成像技術的普及和檢測費用的下降。這意味著我們可以更廣泛地運用腦成像來評估教育和心理治療的效果。這種方式的引入，將使心理治療的效果評估類似於藥物治療效果的評估，進

一步鞏固心理諮商在科學領域中的地位。

　　這種整合帶來了許多潛在的好處。首先，腦成像技術能夠提供客觀的證據，幫助治療師和諮商專家評估和了解病人的內在狀態和心理過程。其次，這種科學化的方法將促進治療師之間的交流和知識分享，提升整個領域的發展和效果。最重要的是，透過神經科學的洞察力，我們可以提供更加個體化、精準和有效的諮商和治療方法，將大腦的功能和心理狀態納入考量。

　　因此，我們期待腦成像技術在心理諮商中的應用能夠為評估治療效果提供更具客觀性和可靠性的方法。這將使心理諮商領域更加科學化，並為我們的自我照顧和諮商實踐帶來更穩固的基礎。

精神醫療新紀元

　　現今的精神醫療領域提供了許多治療方法，但精神科醫師在治療開始前往往無法確定最適合病人的治療方式，這使得制定個別化治療策略變得困難。然而，隨著神經心理學領域中相關腦功能檢測儀器技術的進步，我們有機會讓精神科醫師根據病人的腦影像數據早期找到最適合他們的治療方法，從而避免病人和醫師費力地進行試錯過程，因為這樣的試錯過程可能削弱病人的信心。早期找到適合個別病人的最佳治療方式，也可以降低醫療成本。

腦影像技術的進步還可以使臨床醫生更精確地預測治療效果。由於精神科治療通常需要幾週才能產生效果，有了適當的腦影像數據，臨床醫生可以提早評估並向病人提供關於他們自身治療效果和疾病復發風險的個別化訊息。還有，腦影像技術的進步還可以應用於司法精神醫學領域，幫助相關人員判斷犯罪者是否具有改造的可能性。此外，它還可以幫助司法機構更準確地評估這些罪犯的衝動性以及社會關注的再犯風險。

當然，隨著諮商領域的專業人士對神經心理學相關知識的進一步瞭解，精神醫療和心理諮商之間的合作也將更加緊密。這種合作可以帶來更全面的照顧，將神經心理學的洞察力應用於心理諮詢中，幫助個人在日常生活中實踐自我照顧，並提供更有效的心理治療。

未來神經心理學的挑戰

將神經科學運用於自我照顧和諮商領域確實有許多好處，但在臨床實踐中我們需要謹慎行事。雖然腦科學的研究已經取得了令人難以置信的進展，但大腦神經迴路的複雜程度仍有許多未被瞭解的部分。對於將腦功能科學應用於人類心理和行為運作的許多方面，我們仍然面臨著謎團。其中之一，就是關於人類意識的探討。

生命是指一個能夠通過與外界交換物質和能量來完成自身的生長、繁殖和新陳代謝等生物功能的個體。同時，生命也需

要適應外部環境的變化並作出相應的反應。意識是生命最核心的部分，它存在於所有生命個體中，包括動物和植物。

　　但是，我們對於意識的本質仍存在許多疑問。當一個人的生命結束時，他的意識會發生怎樣的變化？生命的結束是否意味著一切結束？此外，人是否擁有靈魂？現代神經心理學的研究顯示，意識僅僅是大腦神經細胞之間神經物質和神經電位傳遞的生物化學和電氣反應。然而，關於神祕的暗物質是否與之相關仍然是一個未解之謎。至今，現代神經心理學尚未給出確定性的答案。

　　雖然神經科學能夠解釋人類許多意識活動，例如自我意識、記憶與遺忘、早期生命經驗、社會腦以及壓力反應等行為，但目前的腦科學知識還無法合理解釋靈魂對人的影響。腦神經科學或許可以解釋「本質先於存在」的觀點，即特定的神經化學變化和傳遞方式塑造了人類的行為模式。然而，沙特哲學認為人之所以為人，以及個體成為何種人完全是由個人選擇所決定。從這個角度來看，人的存在先於其本質，也意味著靈魂存在於大腦生理結構和變化之前。這也解釋了人類因為有靈魂才能自主選擇和決定自己的人生。然而，對於這個問題的答案，還需要未來更多腦神經科學家的不斷探究，才能給出更為合適的解釋。

　　也許在不久的將來，隨著腦造影技術的進一步發展，我們能更準確地預測人類各種不同的心理活動。然而，這也將引發相關倫理和道德問題，例如在胎兒時期預測未來的變化是否會

讓父母擔憂，以及預測工具是否會干擾刑事責任的判斷。在運用神經心理學時，我們需要仔細思考這些問題。

參考文獻

Baumeister, R. F., Bratslavsky, E., Muraven, M., & Tice, D. M. (1998). Ego depletion: Is the active self a limited resource? *Journal of Personality and Social Psychology, 74*(5), 1252.

Bowen, S., Witkiewitz, K., Clifasefi, S. L., Grow, J., Chawla, N., Hsu, S. H., . . . Lustyk, M. K. (2014). Relative efficacy of mindfulness-based relapse prevention, standard relapse prevention, and treatment as usual for substance use disorders: A randomized clinical trial. *JAMA Psychiatry, 71*(5), 547-556.

Cai, W., Xue, C., Sakaguchi, M., Konishi, M., Shirazian, A., Ferris, H. A., . . . Pothos, E. N. (2018). Insulin regulates astrocyte gliotransmission and modulates behavior. *The Journal of Clinical Investigation, 128*(7), 2914-2926.

Dahlitz, M. J., & Rossouw, P. J. (2014). The consistency-theoretical model of mental functioning: Towards a refined perspective.

Field, T. A., Jones, L. K., & Russell-Chapin, L. A. (2017). *Neurocounseling: Brain-based clinical approaches*: John Wiley & Sons.

Grawe, K. (2017). *Neuropsychotherapy: How the neurosciences inform effective psychotherapy*: Routledge.

Gross, J. J. (2015). The extended process model of emotion regulation: Elaborations, applications, and future directions. *Psychological Inquiry, 26*(1), 130-137.

Hayes, S. C., Luoma, J. B., Bond, F. W., Masuda, A., & Lillis, J. (2006). Acceptance and commitment therapy: Model, processes and outcomes. *Behaviour Research and Therapy, 44*(1), 1-25.

Heatherton, T., & Tice, D. M. (1994). Losing control: How and why people fail at self-regulation. *San Diego: Academic*.

Höglund, E., Øverli, Ø., & Winberg, S. (2019). Tryptophan metabolic pathways and brain serotonergic activity: A comparative review. *Frontiers in Endocrinology*, 158.

Holt-Lunstad, J., Birmingham, W., & Jones, B. Q. (2008). Is there something unique about marriage? The relative impact of marital status, relationship quality, and network social support on ambulatory blood pressure and mental health. *Annals of Behavioral Medicine, 35*(2), 239-244.

Killen, A., & Macaskill, A. (2015). Using a gratitude intervention to enhance well-being in older adults. *Journal of Happiness Studies, 16*, 947-964.

Leknes, S., & Tracey, I. (2008). A common neurobiology for pain and pleasure. *Nature Reviews Neuroscience, 9*(4), 314-320.

Miller, R., & Beeson, E. T. (2021). *The neuroeducation toolbox: Practical translations of neuroscience in counseling and psychotherapy*: Cognella.

Perry, B. D. (2009). Examining child maltreatment through a neurodevelopmental lens: Clinical applications of the neurosequential model of therapeutics. *Journal of Loss and Trauma, 14*(4), 240-255.

Pittman, C. M., & Karle, E. M. (2015). *Rewire your anxious brain: How to use the neuroscience of fear to end anxiety, panic, and worry*: New Harbinger Publications.

Siegel, D. J. (2016). Wheel of awareness. *Retrieved December, 28*, 2016.

Toplar, C. (2017). Eating and Emotions: The Effect of Dark Chocolate and Apples on Mood Levels.

Volkow, N. D., Tomasi, D., Wang, G.-J., Telang, F., Fowler, J. S., Logan, J., . . . Ferré, S. (2012). Evidence that sleep deprivation downregulates dopamine D2R in ventral striatum in the human brain. *Journal of Neuroscience, 32*(19), 6711-6717.

Wilson, S. J. (2015). The Wiley Handbook on the Cognitive Neuroscience of Addiction.

國家圖書館出版品預行編目資料

當心理學遇到腦科學（二）神經科學於自我照顧
與諮商的運用／陳偉任著. --初版.--臺中市：白
象文化事業有限公司，2023.10
　　面；　公分
ISBN 978-626-364-114-3（平裝）
1.CST: 腦部 2.CST: 神經學 3.CST: 生理心理學
394.911　　　　　　　　　　　　112013395

當心理學遇到腦科學（二）
神經科學於自我照顧與諮商的運用

作　　者　陳偉任
校　　對　陳偉任
插　　圖　李佳燕
發 行 人　張輝潭
出版發行　白象文化事業有限公司
　　　　　412台中市大里區科技路1號8樓之2（台中軟體園區）
　　　　　出版專線：（04）2496-5995　　傳眞：（04）2496-9901
　　　　　401台中市東區和平街228巷44號（經銷部）
　　　　　購書專線：（04）2220-8589　　傳眞：（04）2220-8505
專案主編　陳逸儒
出版編印　林榮威、陳逸儒、黃麗穎、陳婷婷、李婕
設計創意　張禮南、何佳諠
經紀企劃　張輝潭、徐錦淳
經銷推廣　李莉吟、莊博亞、劉育姍、林政泓
行銷宣傳　黃姿虹、沈若瑜
營運管理　林金郎、曾千熏
印　　刷　基盛印刷工場
初版一刷　2023年10月
定　　價　420元